청소년을 위한 기후변화 에세이

남성현 교수와 함께 읽는 하나뿐인 지구를 지키기 위한 안내서

청소년을 위한
기후변화
에세이

남성현 지음

서울대학교 지구환경과학부 교수

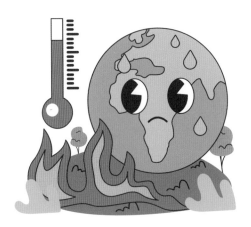

해냄

미래 없는 미래 세대를 걱정하나요?

과학자들이 기후변화를 경고한 지는 꽤 오래되었지만 국제사회가 적극적으로 이에 대응하기 시작한 것은 비교적 최근의 일입니다. 오랫동안 세계 각국은 눈앞의 이해관계만을 따지며 소극적으로 대처하는 등 기후변화에 대한 인류의 대응은 너무나 안일하여 철저하게 실패했습니다.

현 세대의 대응이 늦어질수록 다음 세대의 부담은 커졌고, 결국 각국 정상은 그레타 툰베리(Greta T. E. E. Thunberg)로 상징되는 미래 세대에게 따끔한 질책을 받기에 이릅니다. 수많은 사람이 전례 없는 이상 기후와 코로나19 팬데믹 등 감염병에 충격을 받으며 지구 환경 문제의 심각성을 피부로 느낀 뒤에야 기후위기와 기후비상이라고도 불리는 기후변화에 어떻게 대응할지 진심으로 고민하기 시작했습니다.

안토니우 구테흐스(Antonio Guterres) 유엔(UN) 사무총장이 2022년에 내놓은 메시지와 같이 '집단 자살'과 '집단 행동'의 양자택일 앞에 놓여 있는 벼랑 끝의 기후비상 상황에서 우리가 나아가야 할 방향은 분명합니다. 계속 지금처럼 환경 문제를 뒷전으로 미룬 채 살아가면 '미래 없는 미래 세대'는 물론, 현 세대의 번영도 보장할 수 없습니다.

따라서 탄소에 의존하던 인류 문명을 탈탄소 문명으로 대전환하여 탄소 배출량을 급감하는 탄소중립을 위한 노력은 이제 선택이 아니라 필수입니다. 기후변화로 인한 각종 이상기후는 점차 일상이 되어가겠지만 더 극단적인 상황, 즉 인류의 멸종까지 악화하지는 않도록 집단 기후행동을 통해 변화하는 환경에 적응해야만 합니다.

청소년들은 기후변화로 인한 생태계 파괴, 일상이 된 기후재난 속에서 기성세대보다 더 오랫동안 살아가야 하는 기후위기의 '당사자'입니다. 이에 청소년들은 기성세대의 소극적인 대응의 결과를 고스란히 받아들이던 자세에서 벗어나, 적극적으로 목소리를 내고 있습니다.

예를 들어 2018년 8월에 시작된 국내 청소년들의 자발적 모임 '청소년기후행동(Youth 4 Climate Action)'은 2019년 3월부터 전 세계 청소년들의 기후행동 연대 모임인 '미래를 위한 금요일(Fridays For Future)'과 함께 본격적인 활동을 펼치고 있습니다. 2020년 3월에는 '정부의 불충분한 기후 대응이 청소년의 생명권, 행복추구권, 환경권, 평등권, 인간다운 생활을 할 권리 등을 침해한다'라는 요지의 헌법 소원까지 청구했지요.

기후변화 문제가 불거지게 된 원인부터 각종 해법을 찾아가는 과정에 이르기까지 모든 대응책의 출발점은 지구 환경의 과학적 원리를 이해하는 일입니다. 그만큼 지구 환경 과학의 중요성은 점점 더 커지고 있지요. 기후행동에 진심으로 앞장서는 기업과 그저 이미지 세탁만을 위해 그린워싱을 시도하는 일부 기업을 구분하는 안목을 가지기 위해서라도 과학적 이해의 중요성은 더더욱 부각됩니다.

막연한 두려움 속에서 불안한 미래를 기다릴 것이 아니라, 우리가 살아가는 지구를 '과학적으로' 이해하고 근거 있는 희망을 품는 미래 시민이 늘어나길 바라는 마음에서 청소년을 위한 책을 쓰게 되었습니다. 청소년 독자와 소통할 수 있는 소중한 기회를 제공해 주신 해냄출판사에 감사드립니다.

2024년 8월 어느 날

남성현

차례

1장
기후변화, 무슨 일이 일어나고 있는 걸까?

2장
기후위기, 왜 이렇게 됐을까?

4장
기후행동, 공존을 위해 지금 할 일은?

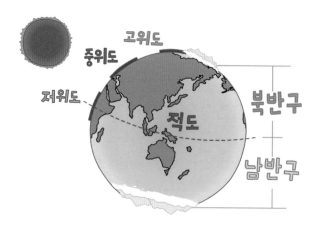

고위도 햇빛을 비스듬히 받아 열이 넓은 지역에 분산됩니다. 연평균 기온이 낮습니다.

중위도 햇빛을 약간 비스듬히 받습니다.

저위도 햇빛을 수직에 가깝게 받아 열이 좁은 지역에 집중됩니다. 연평균 기온이 높습니다.

적도 위도의 기준이 되는 선입니다. 적도에서 가까울수록 저위도 지역, 적도에서 멀수록 고위도 지역에 해당합니다.

북반구와 남반구 적도를 기준으로 북쪽을 북반구, 남쪽을 남반구라고 합니다.

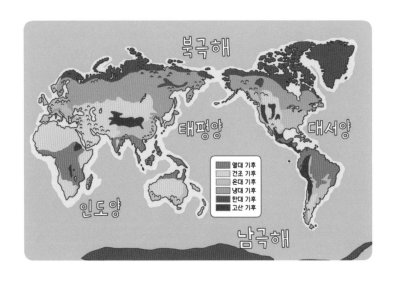

열대 기후 1년 내내 기온이 높고 강수량이 많으며, 건기와 우기가 나타나는 곳도 있습니다.

건조 기후 1년 동안의 강수량을 모두 합쳐도 500mm가 채 안 될 정도로 비가 내리지 않습니다. 증발량이 강수량보다 많습니다.

온대 기후 사계절이 비교적 뚜렷합니다. 여름에는 기온이 높고 강수량이 많으며, 겨울에는 기온이 낮고 강수량이 적습니다.

냉대 기후 사계절이 나타나지만 온대 기후보다 겨울이 더 춥고 깁니다.

한대 기후 1년 내내 평균 기온이 매우 낮습니다.

고산 기후 고도가 높은 산지에서 나타나는 기후입니다. 위도에 따라 온대 고산 기후와 열대 고산 기후로 나눕니다.

1장

기후변화,
무슨 일이 일어나고 있는 걸까?

기후변화가 대체 뭐길래?

🌡️ 기후와 기상, 복사에너지

● '고작' 1℃가 아니다

여러분은 기후변화라는 표현을 언제 처음 들어봤나요? 이 책을 펼치기 전까진 그에 대해 들어본 적 없다고 답하는 사람은 아마 없을 것입니다. 기후를 연구하는 과학자가 아니더라도 많은 사람이 피부로 느낄 수 있을 만큼 기후변화가 심각해졌으니까요. 그러나 기후변화의 정체를 정확히 알고 있는 사람은 많지 않은 것이 현실입니다.

기후변화를 이해하기 위해서는 먼저 기후와 기상의 차이를 알아야 합니다. 우리가 일상에서 자주 접하는 일기예보를 떠올려볼까요? 일기예보에 나오는 그날그날의 최저 기온과 최고 기온은 하루에도 10℃ 넘게 차이가 나곤 합니다. 계절별로 살펴보면 여름과 겨울은

20℃가 넘는 기온 차를 보이기도 하지요. 이는 기상과 관련된 것입니다. 이처럼 기상은 짧은 기간의 날씨를 다루지요. 반면 기후는 최소 30년 동안의 정보를 모아 얻은 평균값을 기준으로 특정 지역의 종합적인 상태를 다루는 개념입니다. 매일매일 시시각각 변화하는 기상과 달리 장기간의 평균 상태를 의미하는 기후는 쉽게 변하지 않습니다.

우리나라가 낮이 되어 기온이 오르는 동안, 지구 정반대편에 있는 우루과이에는 밤이 찾아옵니다. 따라서 기온이 내려가지요. 또 북반구에 사는 사람들이 무더운 여름을 보내는 동안, 남반구에 사는 사람들은 추운 겨울을 지냅니다. 이처럼 한쪽의 온도 변화를 다른 쪽에서 상쇄하기 때문에 지구의 평균 온도는 쉽게 오르내리지 않습니다. 그러므로 장기적인 평균 온도가 일정하지 않고 100년이라는 긴 시간 동안 꾸준히 오르고 있다는 사실은 심각한 불균형의 누적이 아닐 수 없습니다.

과학자들은 지난 100년 동안 지구의 온도가 1℃ 올랐음을 경고해 왔습니다. 기후와 기상의 차이를 모른다면 '고작 1℃'라고 생각하기 쉽지요. 1℃는 우리가 잘 느끼지도 못할 만큼 작은 변화이니까요. 과학자들의 정밀한 측정과 분석 없이는 그런 변화가 있었는지 알아차리기도 어려웠을 것입니다. 그러나 기상에서의 1℃ 차이는 큰 온도 변화가 아니지만, 장기간의 평균 상태를 의미하는 기후에서 1℃는 매우 큰 변화임을 명심해야 합니다.

또 기후변화를 이야기할 때는 평균의 함정에 빠지지 않도록 주의해야 합니다. 예를 들어 과거에는 영하 20℃부터 영상 20℃까지 범위에서 기온이 변동한 지역이 있다고 가정해 봅시다. 이때 평균 온도는

0℃입니다. 하지만 50년이 지난 후 영하 50℃부터 영상 52℃까지 기온이 변했다고 해봅시다. 이때 평균 온도는 1℃입니다. 평균 온도는 0℃에서 1℃로 고작 1℃의 변화를 겪었지만, 영하 50℃와 영상 52℃를 오르내릴 만큼 극심한 기온 변동성을 가진 환경은 50년 전의 온화하고 서늘했던 환경에 비해 훨씬 척박하겠지요. 이처럼 장기간에 걸친 지구 평균 온도 1℃는 큰 변화이니 평균의 함정에 빠지면 안 됩니다.

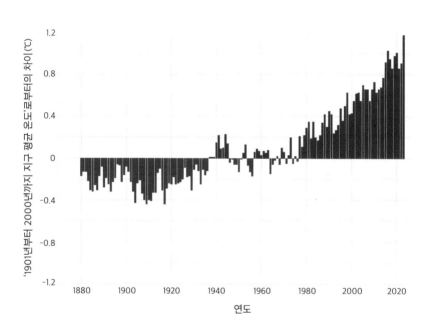

'1901년부터 2000년까지 100년 동안의 평균 기온'을 0이라고 할 때, 1880년부터 2023년까지 전 지구의 평균 온도. 지난 100여 년 동안 지속적으로 상승하는 추세였음을 알 수 있다.[1]

그렇다면 지구의 온도는 어떻게 오랫동안 일정하게 유지될 수 있었을까요? 기후변화를 이해하려면 두 번째로 복사에너지에 대해 알아야 합니다.

복사에너지란 모든 물체가 파동이나 입자의 형태로 방출하는 전자기파와 중력파 에너지를 가리킵니다. 복사에너지가 어떻게 전달되는지 보여주는 예는 숯불이지요. 손으로 직접 숯불을 만지지 않아도 손을 가까이 가져다 대면 따뜻함을 느낄 수 있는 이유는 숯불의 복사에너지가 공간을 통해 전달되기 때문입니다.

태양과 지구 역시 숯불처럼 에너지를 방출합니다. 태양으로부터 우주로 방출되어 지구에 도달하는 열과 빛 형태의 복사에너지를 '태

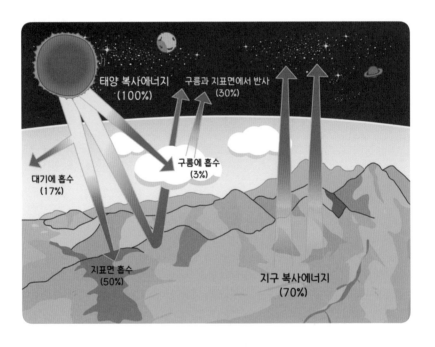

양 복사에너지'라고 합니다. 지구로부터 빠져나가 우주로 방출되는 열과 빛 형태의 복사에너지는 '지구 복사에너지'라고 하지요.

그림과 같이 태양 복사에너지 중 일부는 대기 구성 물질에 따라 산란, 반사, 흡수되고 나머지는 대기를 통과해 지표면에 도달합니다. 지표면의 특성에 따라 다르지만 약 30%는 반사되고 약 70%가 대기, 구름, 지표면 등 지구에 흡수됩니다. 이때 지표면에서 반사되는 복사에너지의 비율을 알베도(albedo)라고 합니다. 알베도는 지역에 따라 달라지지만 평균적으로 30%의 태양 복사에너지가 반사되므로 이 경우 알베도는 0.3입니다.

지표면에 흡수된 태양 복사에너지의 대부분은 지구 복사에너지가 되어 우주로 방출되지요. 이 과정에서 대기와 구름에 흡수되거나 반사되어 다시 지표면으로 되돌아오는 복사에너지를 제외하고, 대기와 구름으로부터 우주로 방출되거나 지표면에서 직접 우주로 방출되는 복사에너지 양을 모두 합하면 지구에 흡수된 복사에너지 양과 같아져 균형을 유지합니다.

태양 복사에너지와 지구 복사에너지 사이의 균형을 '복사에너지 수지'라고 합니다. 그 덕분에 지구의 평균 온도는 오랫동안 일정하게 유지될 수 있었습니다.

오늘날 지구의 평균 온도가 점점 오르는 것은 오랫동안 유지되어 온 복사에너지 수지가 달라졌기 때문입니다. 지구로 들어오는 태양 복사에너지 양은 거의 같지만 지구에서 방출되는 지구 복사에너지 양은 줄어들어 지구의 온도가 계속 오르는 것이지요.

● 기후변화가 불러온 재앙

오늘날 기후변화가 기후위기로 불리는 것은 전 지구적으로 일어나는 각종 자연재해와도 무관하지 않습니다. 자연재해는 기후가 변화하기 전에도 계속 발생했지만, 오늘날에는 기후변화가 아니라면 설명할수 없을 정도로 극단적이고 전례를 찾기 어려운 규모의 자연재해가 증가하고 있지요. 기후변화가 기후위기를 넘어 기후재난, 기후재앙이라고도 불리는 이유입니다.

지구의 평균 온도가 100년에 걸쳐 1℃ 상승하자 전반적인 지구 환경과 기후 시스템의 작동 방식이 변화했습니다. 그로 인해 과거에는 잘 경험할 수 없었던 극심한 폭염, 가뭄, 한파, 폭우, 폭설 등의 기상이변이 잦아지고, 자연재해로 인한 피해 규모가 커지는 등 오늘날 인류는 전에 없던 엄청난 변화를 목격하는 중입니다. 웬만한 기상 이변은 더 이상 이변으로 느껴지지 않을 정도로 지구 곳곳에서 이상기후가 자주 발생하고 있지요.

원래 자연재해는 천재지변, 즉 하늘의 재앙과 땅의 재난이라고 불렸습니다. 사람에 의해 일어나는 재난인 인재와 달리 인간 활동과 무관하게 자연적으로 발생하여 인간에게 피해를 주는 현상을 일컫는 표현이지요. 그러나 오늘날의 자연재해는 인간이 한 행동의 결과로 일어난 기후변화에 따른 것으로, 인재의 성격도 있다고 할 수 있습니다. 자연재해와 인재의 구분조차 모호해진 셈입니다.

물론 모든 자연재해가 기후변화의 탓이라고는 할 수 없으며, 기후변화로 인해 자연재해의 특성이 어떻게 바뀌었는지 과학적으로 모두 밝혀진 것도 아닙니다. 그러나 기후변화가 아니고서는 설명할 수 없을 만큼 기이한 자연재해가 과거에 비해 점점 더 잦아지고 있습니다.

예를 들어 2022년 10월 미국 플로리다주를 강타한 허리케인 '이언'은 과거 수십 년 동안 발생했던 허리케인 중 가장 강력했습니다. 2023년 1월에는 미국 캘리포니아주의 건조한 사막 지역에 170년 만에 폭우가 내려 주민들이 비상 상황에 처했지요. 같은 해 3월에는 지진으로 이미 큰 피해를 본 튀르키예에도 폭우가 내려 참사로 이어졌습니다. 이처럼 폭우 혹은 폭설, 가뭄과 같은 극단적인 현상이 빈번해지는 배경에는 기후 시스템의 총체적 변화가 있다고 봐야 할 것입니다.

한쪽에서는 극단적인 폭우로 홍수와 산사태가 일어나는 동안, 다른 쪽에서는 극심한 가뭄과 폭염 탓에 대규모 산불이 발생합니다. 또 한쪽에는 40~50℃가 넘는 폭염이 찾아오는 동안, 한쪽에는 영하 40~50℃까지 내려가는 한파가 들이닥칩니다. 이처럼 기후변화는 지구의 평균 온도가 100년 동안 1℃ 오른 데서 끝나지 않고, 지구 환경의 총체적인 변화를 동반하며 기후 시스템의 붕괴를 불러오지요. 인류의 생존까지 위협하는 심각한 문제입니다.

기후변화? 기후위기? 어떤 표현이 옳을까?

최근 기후변화라는 표현과 함께 기후위기라는 표현도 많이 사용하고 있습니다. 기후변화라는 표현으로는 위기 상황을 제대로 표현하지 못하며 수동적이고 온화한 느낌을 주기 때문이지요. 더 나아가 사태의 심각성을 알리기 위해 기후비상이라고 불러야 한다는 주장도 설득력을 얻을 정도입니다.

우리나라의 '기후위기 대응을 위한 탄소중립·녹생성장 기본법(약칭: 탄소중립 기본법)'에서는 다음과 같이 정의하고 있습니다.

- 기후변화: 사람의 활동으로 인하여 온실가스의 농도가 변함으로써 상당 기간 관찰되어 온 자연적인 기후 변동에 추가적으로 일어나는 기후 체계의 변화
- 기후위기: 기후변화가 극단적인 날씨뿐만 아니라 물 부족, 식량 부족, 해양산성화, 해수면 상승, 생태계 붕괴 등 인류 문명에 회복할 수 없는 위험을 초래하여 획기적인 온실가스 감축이 필요한 상태

영국의 언론사 《가디언(The Guardian)》은 지난 2019년부터 더 이상 기후변화라는 표현을 사용하지 않기로 했습니다. 대신 기후위기, 기후비상, 기후붕괴라는 강한 단어를 쓰기로 했지요. 비슷한 이유로 지구온난화를 지구가열화로 바꿔 부르자는 의견도 힘을 얻고 있습니다. 심지어 안토니우 구테흐스 유엔 사무총장은 지구열탕화라는 표현까지 사용했습니다.

기후변화도, 기후위기도 틀린 표현은 아닙니다. 과학자들은 과학적 현상을

객관적으로 표현하기 위해 기후변화와 지구온난화 등 중립적인 단어를 사용할 수밖에 없지만, 그 사회적 파급력을 고려해 강한 표현과 신조어를 사용해 사람들에게 경각심을 심어주려는 노력은 필요한 일이지요.

이외에도 과거에 비해 심화하는 자연재해를 표현하기 위해 기후재난, 기후재앙과 같은 표현도 사용되고 있습니다. 또 기후변화로 인한 사회·경제적 파급과 관련해 기후플레이션, 기후리스크, 기후정의, 기후소송 등 다양한 신조어들이 등장하고 있지요. 기후변화가 날로 심각해져 전에 없던 피해가 속출하는 만큼 기후와 관련한 신조어는 계속 생겨날 것으로 보입니다.

2

비가 왜 이렇게 오지?

🌡️ 폭염, 가뭄, 산불 vs 폭우, 홍수, 산사태

● 폭염, 가뭄, 산불

앞서 지구온난화에는 전례 없는 수준의 이상기후가 동반된다고 설명했습니다. 그중 극단적인 고온 현상인 폭염과 극단적인 강수 부족인 가뭄을 먼저 살펴볼까요?

지구의 평균 온도가 100년에 걸쳐 1℃ 오른 것은 과학자들의 정밀한 연구가 없었다면 알지 못했을 미세한 변화입니다. 하지만 폭염은 여름마다 일상적으로 반복되는, 우리가 피부로 느낄 수 있는 자연재해입니다.

전 지구적으로 이상 고온 현상이 나타난 지역의 규모를 비교해 보면, 과거(1951~1980년)에는 전체 육지 면적의 1%에 불과했으나 최근

(2001~2010년)에는 약 10%에 달합니다. 거의 10배나 증가했지요. 우리나라만 하더라도 1994년에 기록적인 폭염이 찾아오기 전까지는

고기압
대기 중에서 같은 고도의 주변에 비해 기압이 높은 영역. 하강 기류가 생겨 날씨가 맑다.

폭염이라는 자연재해가 거의 발생하지 않았습니다. 하지만 2010년대 이후로 폭염과 열대야가 빈번해지더니, 2020년대 이후에는 아예 여름마다 폭염이 일상화되었습니다.

폭염 일수란 일일 최고 기온이 33℃ 이상인 날의 수를 의미합니다. 2013년 우리나라 폭염 일수는 16.6일, 2016년에는 22일, 2018년에는 31일로 집계되었지요. 2022년에 이르러서는 온열 질환자가 1,564명이나 발생할 정도였습니다. 우리나라는 2018년부터 폭염을 자연 재난으로 규정했는데, 여러 자연 재난 중에서 폭염이 가장 많은 인명 피해를 가져온다고 볼 수 있습니다.

기상청은 2023년부터 기온 외에 습도까지 고려하여 체감 온도를 기반으로 한 폭염 특보(폭염 주의보, 폭염 경보)를 정식 운영하며 폭염 정보를 알리고 있습니다. 폭염이 날로 증가하면서 대책을 강화하는 중이라고 이해할 수 있겠지요. 폭염은 우리나라만의 문제가 아니라 전 세계적인 현상이라서, 오늘날 세계 각국에서 일어나는 폭염 피해 뉴스를 점점 더 자주 접할 수 있습니다.

지리적, 기후적 조건에 따라 다르긴 하지만 폭염은 가뭄과 긴밀하게 관련되어 있습니다. 기온이 상승하면 토양의 수분이 증발해 증발량은 늘어나는데 강수는 감소하여 가뭄이 올 수 있지요. 또 고기압●이 오랜 기간 지속되어 구름이 없고 비가 내리지 않는 가뭄이 이어지면,

태양 복사에너지가 지표면을 가열하기만 할 뿐 비와 구름이 지표면을 식혀주지 않아 폭염이 발생하는 조건을 악화시킬 수도 있습니다.

이처럼 폭염과 가뭄이 지속되면 건조한 대기 탓에 토양과 식물이 바싹 마르기 때문에 작은 불꽃만 튀어도 불이 쉽게 납니다. 불씨는 강풍을 타고 산과 숲으로 번지며 거대한 산불을 일으키기도 하지요. 그래서 폭염과 가뭄이 발생하는 시기에 산불 피해의 규모가 커집니다.

실제로 호주에서는 2019년 가을부터 2020년 봄까지 대규모 산불이 이어졌습니다. 이는 극심한 폭염과 가뭄이 계속되면 얼마나 끔찍한 자연 재난이 발생하는지 보여주는 대표적 사례입니다. 당시 인도양 동부 해역에 비해 인도양 서부 해역의 온도가 이례적으로 높았는데, 그에 접한 호주는 전례 없는 수준의 극심한 가뭄과 폭염에 시달렸지요. 마른번개가 쳐 산림을 불태우고 불씨는 강풍을 타고 빠르게 번져서, 호주의 모든 주에서 대규모 산불이 발생해 큰 피해를 입었습니다. 엎친 데 덮친 격으로 화염 토네이도(firenado)라고 불리는 거대한 불기둥이 솟구쳐 소방관들은 접근조차 할 수 없었지요.

해가 바뀌어 2020년 봄이 되어서야 우박과 비가 내리며 산불이 잡혔습니다. 그러나 이미 엄청난 면적의 대지와 산림이 불탄 이후였지요. 숲이 불타며 막대한 양의 이산화탄소(CO_2)가 배출됐을 뿐 아니라, 거대한 숲이 사라진 만큼 자연의 이산화탄소 흡수력이 약화된 것도 큰 문제였습니다. 인명 피해는 물론 코알라, 캥거루 등 수억 마리의 동물이 죽거나 서식지를 옮겨 생태계의 피해 역시 막심했지요.

호주뿐 아니라 에스파냐, 그리스, 하와이 등 최근 지구 곳곳에서 전례 없는 수준의 대규모 산불이 발생했습니다. 2023년에는 지상 낙원

이라고 불리던 하와이 마우이섬에서 대형 산불이 발생해 여의도 면적의 약 3배 규모의 땅이 불탔지요. 수천 채의 건물이 불에 탔고, 수만 가구에 전기와 물이 공급되지 않았습니다. 통신마저 끊겨 연락조차 하기 어려웠어요. 수조 원의 재산 피해가 일어났음은 물론, 확인된 사망자만 100명이 넘고 수천 명이 집을 잃고 대피했습니다. 전체 이재민 규모는 1만 명이 넘는 것으로 알려졌습니다. 우리나라에서도 2022년 3월의 울진·삼척 산불, 같은 해 5월의 밀양 산불 등 산불 피해가 과거에 비해 더 오래, 더 큰 규모로 발생하고 있지요.

앞서 말했듯, 모든 자연재해가 기후변화 때문에 발생하는 것은 아닙니다. 과거에도 자연재해는 일어났으니까요. 그러나 과거에는 경험할 수 없었던 수준의 극심한 자연재해가 점점 빈번해지는 현상은 기후변화가 아니면 설명할 수 없습니다. 지금까지 밝혀진 연구 결과만으로도 기후변화가 기후재앙을 불러오고 있음을 확인하기에는 충분하지요. 기후변화를 보다 잘 이해하기 위해 자연재해의 달라진 특성과 기후변화의 인과관계는 계속 연구되어야 합니다.

● 폭우, 홍수, 산사태

폭염과 가뭄, 이에 따른 대규모 산불도 끔찍한 자연재해이지만, 반대로 비가 너무 오랫동안 내리거나 짧은 기간에 너무 많은 비가 오는 폭우도 매우 심각한 피해를 불러옵니다.

폭우와 그로 인한 홍수 및 산사태는 강수량, 특히 강우량이 극단적으로 늘어나 일어나는 현상입니다. 폭우가 발생하는 원인은 다양하지만, 지구온난화에 따라 해양의 거대한 열 흡수와 열의 재분포가 전 지구적 물 순환(수분 순환)을 변화시켰음에 주목할 필요가 있습니다. 강수 패턴이 달라짐에 따라 비가 너무 많이 오는 폭우, 반대로 비가 너무 안 오는 가뭄이 지구 곳곳에서 일어나는 것이지요.

중국에서는 2020년 5월부터 9월까지 초특급 폭우가 지속되며 양쯔강 유역의 장시성, 안후이성, 구이저우성, 후베이성 등 중남부 일대가 물바다가 되었습니다. 이는 21세기 중국에서 발생한 최악의 홍수로 기록되기도 했지요. 폭우로 인해 싼샤댐(삼협댐)의 수위가 홍수 통제 수위를 넘기며 한때 붕괴 위험에 처하기도 했습니다. 같은 해 여름에 일본 남서부의 규슈 지역에서도 오랜 기간 이어진 폭우로 대규모 홍수와 산사태가 일어났죠. 또 2022년 여름에는 파키스탄에도 폭우가 내려 전체 국토 면적 3분의 1이 잠기면서 파키스탄 정부가 국가 비상사태를 선언했습니다. 2023년 1월에는 세계에서 가장 더운 지역 중 하나인 미국 캘리포니아주 데스밸리(Death Valley) 사막 지역에 6개월치 비가 단 몇 시간 만에 내리며 심각한 홍수 피해가 발생했습니다.

이런 사례 모두 기후변화가 심해지면서 전 지구적 물 순환에 변화가 일어나고 있음을 보여줍니다. 물 순환이 변화하면 예전에는 경험하지 못했던 폭우가 일어날 수 있음을 보여준 사례들이지요.

우리나라에서도 2020년 여름에 50일 넘게 장마가 이어졌습니다. 역대 최장 기간 장마를 기록한 그해, 곳곳에서 폭우와 산사태로 인한 피해가 발생했지요. 2010년 우면산 산사태를 겪은 이후 방재를 위해 노력한 결과 산사태 피해 규모가 매년 꾸준히 줄어들고 있었는데, 전례 없는 수준의 폭우 탓에 10년 만에 다시금 큰 피해를 입은 것이지요. 서울 한강 대홍수로 큰 피해를 입었던 1984년과 1990년 이후로 거의 볼 수 없었던 폭우와 홍수 피해가 이때부터 일상화되고 있습니다. 이는 기후변화와 함께 자연재해의 특성이 변화하고 있음을 강력히 시사하는 사례이지요.

2022년 여름에는 강수량이 지역적으로 극명한 차이를 보였습니다. 극심한 가뭄과 폭염에 시달리던 남부 지역과는 대조적으로, 중부 지역에서는 기상 관측을 시작한 이래 볼 수 없었던 수준의 폭우가 발생해

강남역이 침수되는 등 서울 곳곳에서 피해가 속출했습니다. 국토 면적이 그리 넓지 않은 한반도 내에서도 중부 지역과 남부 지역의 강수량이 극단적으로 엇갈린 것이지요.

기록적인 폭우로 인한 피해는 2023년 여름까지 이어져 경북 지역을 비롯한 전국 곳곳에서 수해가 발생했습니다. 이제는 매년 여름 폭염만이 아니라 폭우까지 일상화되는 듯합니다. 기후변화에 제대로 대처하기 위해 더 높은 수준의 방재 노력이 절실합니다.

2020년 장마, 우리나라에도 현실이 된 기후재난

2020년 여름, 한반도 전역에서 발생한 폭우는 우리나라도 기후재난을 피부로 느끼는 계기가 되었습니다. 6월 하순부터 8월 중순까지 두 달 가까이 이어진 장마와 집중 호우, 강력한 태풍으로 인해 폭우, 홍수, 침수, 산사태 피해가 곳곳에서 속출했지요. 5월부터 중국 중남부 지방과 일본 규슈 지방에 많은 비를 뿌리던 장마 전선이 6월 중순에는 한반도 남부 지방과 제주에 영향을 미치기 시작하더니, 6월 하순부터는 전국적으로 집중 호우가 시작된 것입니다. 전국 38개 시군구가 특별 재난 지역으로 지정되었으며, 1조 2천억 원이 넘는 경제적 피해와 수십 명의 사망자, 8,000명이 넘는 이재민이 발생했습니다.

8월 중순이 되자 장마 전선이 북상하며 비가 잦아진 듯 보였지만, 8월 하순부터 9월 초순까지의 짧은 기간에 강력한 태풍 3개가 연달아 한반도에 영향을 미치면서 다시 폭우가 이어졌습니다. 초반에는 충청 이남 지방에 피해가 집중

되다가 이후 수도권을 포함한 전국이 폭우 피해를 입었지요. 서울, 부산 등 주요 도심 곳곳이 물바다로 변하여 도로가 통제되었습니다. 산사태가 일어나고 농경지가 침수되었으며 정전이 발생했지요. 저수지 붕괴와 홍수로 인한 건물 파손도 잇따랐습니다.

모든 지역의 극한 강수 현상이 기후변화와 직접적인 관련이 있다고 할 수는 없습니다. 지구온난화 등의 외부 요인이 아니라도 대기 내부의 불규칙한 운동으로 인해 장마가 이례적으로 길어지거나 강해질 수 있기 때문입니다. 그러나 지난 2020년 여름의 한반도 극한 강수 사례는 동아시아 전역에 걸친 극한 강수와 무관하다고 보기 어렵습니다.

과학자들은 2019년 가을 인도양 해수면의 온도 분포가 이례적으로 크게 변화했다는 사실에 주목합니다. 바다의 수온이 변화한 이후 인도양 서부에서는 강수량이 증가했고 인도양 동부에서는 강수량이 감소했습니다. 그 결과, 동아프리카 일대는 극단적인 강수에, 호주는 폭염과 가뭄 및 대규모 산불에 시달렸지요. 과학자들은 그 여파가 2020년까지 이어져 동아시아 일대의 강수량을 이례적으로 증가시켰을 가능성을 제시했습니다.

이처럼 과거에는 경험하지 못했던 수준의 강수량이 어떻게 기후변화와 관련되는지에 대한 연구 결과가 꾸준히 발표되고 있습니다. 대기 중 온실가스 농도가 증가하며 극한 강수가 잦아지고 그 강도가 점점 강해지는 현상을 과학적 증거로 설명하는 것이지요. 만약 기후변화가 더욱 심해진다면 극한 강수의 빈도와 강도는 더욱 증가할 수 있는 셈입니다.

● 자연재해로 인한 사회적 여파

양쯔강 유역은 중국의 곡창 지대입니다. 2020년 여름처럼 비가 너무 많이 오면 곧바로 농산물 생산에 차질이 생기겠지요. 만약 자연재해 탓에 전 세계 곳곳에서 동시다발로 농산물 생산에 차질이 발생하면, 각종 곡물의 공급량이 줄어들어 곡물 가격이 변화하고 이는 세계 경제에까지 영향을 미칠 것입니다. 기후재난이 식량 위기로도 이어질 수 있다는 의미입니다.

양쯔강 유역에는 논밭만 있는 게 아닙니다. 희토류● 및 비료 공장도 많은데, 주요 공장들이 침수 피해를 입어 생산에 차질을 빚으면서 세계 경제에 끼치는 파장도 무시할 수 없습니다.

이처럼 기후변화가 심화함에 따라 세계 곳곳에서 극단적인 강수가 더 많이 일어날수록 그 피해는 농업, 산업, 경제 전반에 걸쳐 매우 광범위하게 영향을 미칩니다. 설사 우리나라에는 자연재해가 일어나지 않더라도 전 세계 곳곳에서 벌어지는 자연재해로 인한 피해는 우리나라에도 영향을 미치기 때문에 전 지구적 기후변화에 무관심할 수 없습니다.

가뭄이든 홍수든 양쪽 모두 물 관리를 어렵게 만드는 것은 마찬가지입니다. 생활용수와 농업용수 등의 물 관리가 어려워져 식량난으로 이어지면 거주지를 버리고 떠나야 하는 사람이 늘어날 테고, 이는 난민 문제로까지 확장됩니다.

생물 다양성이 높아 '풍요의 땅'으로 불렸던 인도양의 섬나라 마다가스카르의 심각한 가뭄 사례는 기후변화에 따른 식량난과 식수 부족 문제를 여실히 보여줍니다. 강수량이 평년●의 절반에도 미치지 못하는 기록적인 가뭄이 일어나자 최소 50만 명의 영유아가 영양실조를 겪고 100만 명 이상이 긴급 식량 구호를 받아야 할 정도로 기근이 심각해졌지요.

이처럼 기후변화는 농업 및 축산, 물 공급 등 사회·경제적 상황에 지대한 영향을 미칩니다. 이런 문제는 특정 국가가 스스로 해결할 수 없을 뿐만 아니라 그 나라만의 문제로 끝나지 않으므로 국제사회가 모두 힘을 합쳐야 합니다. 각 정부와 국제사회가 손잡고 지속 가능한 물 관리, 농업 다각화, 자원 보호, 사회적 안전망과 기후 적응 방안의 수립 등에 노력을 기울이고 있습니다.

희토류
'땅에서 구할 수 있으되 거의 없는 성분(rare earth elements)'이란 뜻으로, 희귀한 금속을 가리킨다. 휴대폰, 태플릿PC, 전기차 등의 제품을 만드는 데 사용되며 전 세계 소비량의 90% 이상을 중국에서 공급한다.

평년
일기예보에서 지난 30년간 기후의 평균적 상태를 이르는 말.

3

지구온난화인데 왜 춥지?

🌡️ 북극 한파, 폭설

● 지구온난화가 필요하다고 외친 대통령

흔히 지구온난화가 진행 중이니 날씨가 점점 더워질 것이라고 생각하기 쉽습니다. 그러나 실제로는 극단적으로 기온이 낮아지는 한파도 발생합니다.

뉴욕에 극심한 한파가 들이닥친 2012년 11월, 도널드 트럼프 (Donald Trump) 전 미국 대통령은 SNS에 "뉴욕에는 지금 눈이 내리고 있으며 매우 춥다. 우린 지구온난화가 필요해!"라는 게시물을 올리며 그동안 기후변화와 지구온난화를 경고해 온 과학자들을 비꼬았습니다. 지구온난화라는 과학적 사실 자체를 부정하거나 그 원인이 인간 활동 때문이 아니라고 주장하는 소위 '기후변화 회의론자'들은 이처럼 냉

소적인 태도로 사람들의 이목을 끌기도 합니다.

이같은 도널드 트럼프의 발언은 과학적인 상식이 매우 부족하다는 증거입니다. 극단적으로 기온이 오르는 폭염도, 극단적으로 기온이 낮아지는 한파도 모두 기상 현상이지 기후에 해당하는 것이 아니기 때문이지요.

이러한 기상 현상, 특히 특정 지역에 일시적으로 발생하는 자연재해와 장기간의 평균 상태를 의미하는 기후, 특히 지구 평균 온도의 증가는 서로 비교할 대상이 아니니 잘 구분해야 합니다. 폭염과 한파 등의 자연재해는 기후변화와 무관하게 발생할 수도 있지만, 기후변화가 기후위기로 심화하며 자연재해가 갈수록 극심해지고 있기 때문에 과학자들이 지구온난화에 동반한 자연재해, 특히 기상재해를 우려하는 것입니다.

지구온난화로 인해 폭염이 과거에 비해 심각해지고 있다고 해서 한파가 사라지는 건 아니라는 사실에 유의해야 합니다. 오히려 북반구 중위도와 같은 일부 지역에서는 폭염과 한파로 인한 큰 기온 차에 시달리기도 합니다. 예를 들어 2010년에 북미, 유럽, 동아시아의 여러 국가는 전례 없는 수준의 한파를 경험했는데, 계절이 바뀐 이후에는 극단적인 폭염에 시달려야 했죠.

온화하고 서늘한 환경에 살던 인류가 극단적으로 높은 기온(폭염)과 극단적으로 낮은 기온(한파)이 동시에 나타나는 환경에 처하면 적응하기가 훨씬 더 어렵겠지요. 이처럼 기후변화로 인해 기온 변동성이 점점 더 커지면서 그 피해가 급증하고 있습니다.

● 북극해의 빠른 온난화와 북극 한파

북반구 중위도 지역의 기온 변동성이 점점 심해지는 이유는 북극해가 빠르게 온난화되고 있기 때문입니다. 오늘날 지구의 평균 온도는 산업화 이전에 비해 1℃ 정도 올랐는데, 좀더 자세히 들여다보면 모든 지역에서 동일한 속도로 온난화가 일어나는 것은 아님을 알 수 있습니다. 다시 말해 어떤 지역은 산업화 이전에 비해 2~3℃가 오르기도

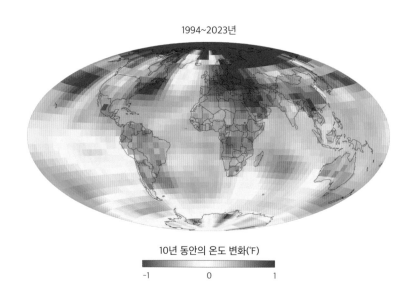

1994~2023년

10년 동안의 온도 변화(°F)

-1　　　0　　　1

1994년부터 2023년까지 지표면과 해표면의 온도 상승 추세 분포. 빨간색은 온난화가 일어나는 지역을, 파란색은 냉각화가 일어나는 지역을 가리킨다. 지도에서 볼 수 있는 것처럼 지표면과 해표면의 온도 상승 추세는 지역적으로 큰 차이를 보인다.[2]

했고, 반대로 어떤 지역은 지구의 평균 온도 상승 속도보다 훨씬 느리게 온난화되고 있습니다. 심지어 매우 제한적인 곳에서는 냉각화가 일어나기도 합니다.

온실효과로 인해 지구에 동일한 양의 열이 축적되더라도 지역에 따라 온난화 정도가 다르게 나타나는 이유 중 하나는 비열과 열용량 때문입니다.

비열이란 물질 1g의 온도를 1℃ 올리는 데 드는 열량인데, 비열이 높을수록 그 물질의 온도를 높이는 데 더 많은 열에너지가 필요합니다. 열용량은 어떤 물체의 온도를 1℃ 올리는 데 필요한 열에너지의 양으로, 물체의 온도가 얼마나 쉽게 변하는지 나타냅니다.

해양의 경우 비열과 열용량이 크기 때문에 온도 변화가 상대적으로 천천히 나타나지요. 반대로 대륙은 비열과 열용량이 작기 때문에 온도 변화가 더 빠르게 나타납니다. 그 결과, 해양보다 대륙의 온난화가 더 빠르게 진행되지요.

실제로 대륙보다 해양의 면적이 더 넓은 남반구보다는 대륙의 면적이 더 넓은 북반구가 더 빠르게 뜨거워지고 있습니다. 북반구 중에서도 미국 북동부, 유럽, 우리나라와 중국, 일본을 포함한 동아시아 일대는 지구 평균 온도의 증가 속도에 비해 훨씬 더 빠른 속도로 온난화가 진행 중입니다.

그러나 비열과 열용량의 차이만으로 지역마다 온난화 속도에 차이가 나는 현상을 완벽히 설명할 수는 없습니다. 북극해 혹은 북빙양이라고 불리는 지역은 대륙이 아니라 해양이지만 오늘날 가장 빠르게 온난화가 일어나는 곳이니까요.

북극해의 빠른 온난화는 바닷물이 얼어서 생기는 얼음인 해빙(sea ice)이 사라지고 있는 현상과 관련됩니다. 북극해와 같은 고위도 지역에서는 지구로 유입하는 태양 복사에너지의 양보다 지구에서 우주로 방출되는 지구 복사에너지의 양이 더 많습니다. 그래서 지표면과 해표면(sea surface)이 냉각되어 해빙이 만들어지는 것이지요.

이때 해빙은 육상에서 만들어지는 빙하인 육빙(land ice)과 구분되는 독특한 특징을 가집니다. 무엇보다 얼음의 밀도는 물(바닷물)의 밀도보다 낮은 탓에 가라앉지 않고 물 위에 떠 있지요. '빙산의 일각'이라는 표현에서 알 수 있듯, 해빙은 10% 정도만 수면 위에 드러나 있고 나머지 90%는 해수면 아래에 잠겨 있습니다. 그렇다고 해도 수천 m 깊이의 심해까지 해빙이 채워져 있는 것은 아닙니다.

북극해의 해빙은 매우 빠르게 사라지고 있습니다. 새로 생성되는 해빙보다 녹아서 사라지는 해빙이 더 많다는 뜻이지요. 앞서 태양 복사에너지를 반사하는 반사율을 알베도라고 설명했습니다. 지구의 평균 알베도는 0.3인 것에 반해 해빙처럼 밝은 백색 물질은 알베도가 0.9 정도로 매우 높아서 대부분의 태양 복사에너지를 반사합니다. 반면 어두운 해표면은 알베도가 0.1로 매우 낮아서 대부분의 태양 복사에너지를 그대로 흡수하지요.

따라서 해빙 면적이 줄어들고 있다는 사실은 북극해 지역의 알베도가 감소하여 과거에 비해 더 많은 태양 복사에너지가 북극해에 그대로 흡수된다는 뜻입니다. 과거에 비해 더 많은 태양 복사에너지가 흡수되니 해수면 부근이 가열되어 바닷물의 수온이 오르고, 그로 인해 더 많은 해빙이 녹아 알베도는 또 다시 낮아지지요. 이를 아이스-알베도 피

드백이라고 부릅니다.

북극해의 빠른 온난화는 그 지역만의 문제가 아닙니다. 제트 기류를 약화시켜 북반구 중위도 지역에 이제껏 경험하지 못했던 심각한 한파, 즉 북극 한파를 가져오기 때문이지요.

제트 기류는 중위도의 높은 상공에 존재하며, 서쪽에서 동쪽으로 부는 매우 강한 바람입니다. 서쪽에서 동쪽으로 분다는 점에는 변함이 없으나 제트 기류의 경로는 일정하지 않습니다. 어떨 땐 일정한 위도를 따라 불지만, 기류가 약해질 때는 위도를 넘나들며 크게 출렁이기도 합니다. 마치 굽이쳐서 흐르는 사행천처럼 제트 기류도 심하게 사행하며 불지요.

문제는 제트 기류가 약해지며 남북으로 심하게 사행하는 경우입니다. 제트 기류가 심하게 사행해서 남쪽으로 내려오면, 고위도 지역에

갇혀 있던 차가운 냉기가 중위도 지역에 영향을 미치지요. 북극 영향권이 확장되는 셈입니다. 반대로 제트 기류가 북쪽으로 올라가면 고위도 지역이 이례적으로 따뜻해집니다. 북극해의 빠른 온난화가 제트 기류 약화로 이어져 중위도 지역의 기온 변동성이 커질 수 있다는 뜻입니다.

실제로 2010년 연초에 북반구에 들이닥친 극심한 한파는 제트 기류와 관련돼 있습니다. 제트 기류가 남쪽으로 내려와 중위도 지역까지 북극의 냉기가 영향을 끼친 것이지요. 여기에 강수량이 늘어 폭설까지 겹치면서 곳곳에서 큰 인명 피해가 발생했습니다.

미국 북동부 여러 주에서 한파와 폭설이 겹치며 비상사태가 되었고, 유럽에서도 영국, 노르웨이, 스웨덴 등지에서 기온이 영하 40°C 이하로 떨어지며 큰 피해를 입었습니다. 당시 폴란드에서는 70명 이상의 노숙자가 얼어 죽는 일도 벌어졌지요. 우리나라와 중국, 일본에서도 한파 피해가 극심해지며 '북극 한파'라는 표현이 본격적으로 사용되기 시작했습니다.

해가 바뀐 2021년에도 피해는 이어졌습니다. 미국 남쪽에 위치한 텍사스주가 북쪽의 알래스카주보다 훨씬 더 추운 겨울을 보냈을 정도였지요. 제트 기류 사행으로 인한 이례적인 한파로 2억 명에 달하는 사람들이 정전과 난방 중단 등의 어려움을 겪어야 했습니다.

이처럼 제트 기류가 사행함에 따라 북반구 중위도의 기온 변동성이 높아지면 지구 평균 온도가 상승하는 와중에도 극심한 한파와 폭설이 계속될 것으로 전망됩니다.

● 해양 순환까지 망가진다면

2004년에 개봉한 영화 〈투모로우〉를 아시나요? 영화 속 기후학자는 지구온난화로 인해 해양 환경이 크게 변화하여 미국 등 북반구 중위도가 빙하로 뒤덮이는 재앙이 찾아올 것이라고 경고합니다. 모두 그의 주장을 비웃었지만 지구에는 정말 빙하기가 찾아오지요.

영화에나 나올 법한 이야기라고 생각하나요? 그러나 오늘날 기후위기에 의한 전 지구적 환경 변화 중에서도 특히 해양과 빙권의 변화가 가장 걱정스러운 것은 사실입니다. 북반구 중위도에 들이닥친 북극 한파도 북극해의 해양 환경과 빙하 환경의 변화에 의한 것이었지요.

해양은 지구에 축적되는 열의 90% 이상을 흡수합니다. 그에 따라 바닷물의 수온이 오르는 현상 외에도 해수면 상승, 해양 산성화(ocean acidification) 등 여러 가지 환경 변화가 진행 중이지요. 특히 해양 순환까지 달라질 조짐을 보이면서 많은 연구가 진행 중입니다.

해양 순환이란 많은 양의 바닷물이 순환하는 것을 가리킵니다. 해양 내에서 따뜻한 바닷물과 차가운 바닷물은 한 곳에서 다른 곳으로 움직이지요. 그 과정에서 해양은 대기를 데우거나 식히며 지구의 열을 재분배하므로, 흔히 해양을 '기후 조절자'라고도 부릅니다. 기후 조절자인 해양 환경이 어떻게 변화하는지 이해하는 일은 미래 기후를 전망하는 데 필수적입니다.

과학자들은 북대서양 심층에서 관측한 자료를 분석하여 수십 년에 걸쳐 해류 즉, 바닷물의 흐름이 약해지고 있음을 발견했습니다. 해양 순환이 더욱 약해진다면 남반구의 열이 북반구로 전달되지 않아 북반구 일부 지역에 빙하기가 찾아올 것이라는 연구 결과를 발표했지요. 마치 앞서 소개한 영화 〈투모로우〉처럼요. 다행히 시간이 흐르자 북대서양 심층 해류의 세기는 회복되었습니다. 과학자들은 후속 연구를 통해 해류의 심층 수송량은 강해졌다 약해지기를 반복할 뿐 일방적으로 계속 약해지기만 하는 것은 아니라는 결론을 얻었습니다.

그러나 해류의 변화에 대한 우려는 꾸준히 제기되고 있습니다. 대기의 열은 해수면을 통해 계속해서 바다에 흡수됩니다. 그로 인해 빙하가 녹으면 해수면의 수온은 증가하고 염분은 감소합니다. 그 결과, 표층 바닷물의 밀도가 감소하고 있지요. 표면의 바닷물 밀도가 계속 감소하기만 하고 가라앉을 만큼 충분히 무거운, 즉 밀도가 큰 바닷물이 만들어지지 않으면 심층에 해수를 공급하기가 점점 어려워져 해류가 약해질 것입니다.

기후변화가 심화하여 점점 더 많은 열을 흡수하게 된 해양에서 어떤 변화가 나타나는지, 특히 대기와의 열 교환이 어떻게 달라지는지는 지구의 기후 조절과 밀접하게 연결되어 있으므로 지속적인 연구가 필요합니다.

4

점점 더 센 놈이 온다고?

🌡 슈퍼 태풍, 폭풍 해일

● 가장 따뜻한 바다, 웜풀

우리나라는 여러 자연재해로 인한 피해 중 풍수해가 가장 큽니다. 특히 태풍은 단기간에 가장 큰 피해를 가져오는 자연재해입니다. 그동안 태풍 방재에 노력을 기울인 이유도 그 때문이지요.

그런데 기후변화가 심화하며 태풍도 진화하다 보니 예전과는 성격이 다른 태풍이 나타나고 있습니다. 지금 수준의 방재로는 태풍에 의한 피해를 줄이기가 점점 어려워지고 있지요. 태풍을 이해하기 위해 먼저 태풍을 진화시키는 열대 해양의 변화를 살펴봅시다.

열대 서태평양과 열대 인도양에는 바다 표면의 온도, 즉 해표면의 수온이 전 세계에서 가장 높은 바다가 있습니다. 저위도에 위치하여 지구 복사에너지로 열이 유출되는 양에 비해 태양 복사에너지가 유입되는 양이 더 크기 때문이지요. 이 해역을 웜풀(warm pool)이라고 부릅니다. 물론 수심이 깊은 곳에는 다른 해역처럼 차가운 바닷물이 있지만, 해표면의 수온은 28℃ 이상이지요.

문제는 웜풀 해역의 해표면 수온이 점점 높아지고 있다는 사실입니다. 그만큼 웜풀 해역에 더 많은 열이 축적되고 있다는 뜻이지요. 더 나아가 지구온난화로 인해 웜풀 해역의 면적이 점점 더 늘어나고 있는 것도 문제입니다. 확장되는 속도도 빨라지고 있지요. 과거에는 매년 우리나라 면적만큼 증가했다면, 최근에는 그 2배인 미국 캘리포니아의 면적만큼 증가하고 있지요.

웜풀 해역은 태풍과 사이클론의 고향입니다. 서태평양의 태풍, 동태평양과 대서양의 허리케인, 인도양의 사이클론은 모두 이름만 다를 뿐이고, 실제로는 열대성 저기압●이라는 현상을 가리킵니다.

온대 저기압과 달리 열대 저기압은 열대 해양에서 공급되는 수증기가 절대적으로 중요합니다. 수증기가 응결하며 방출되는 잠열(숨은열)이 그 에너지원이기 때문이지요. 태풍은 수온이 높은 웜풀 해역에서 바닷물의 증발이 활발해져 대기로 많은 수증기가 공급되며 만들어집니다. 기후변화가 심화하며 웜풀 해역에 점점 더 많은 열에너지가 축적되고, 웜풀 해역이 빠르게 확장되면서 중위도에 접근하고 있는 현상은 태풍의 형성에도 큰 의미가 있습니다.

저기압

대기 중에서 같은 고도의 주변에 비해 기압이 낮은 영역. 상승 기류가 생겨 비가 내리는 일이 많다. 발생지에 따라 열대 저기압과 온대 저기압으로 나눈다.

● 더욱 습하고 위력적인 태풍으로

웜풀 해역에 많은 열이 축적되면 아래 그림처럼 웜풀 내 바닷물의 증발이 더 활발해지고 그에 따라 더 많은 수증기가 공급됩니다. 그 결과 더욱 습하고 위력적인 태풍이 발생하지요. 다시 말해 중심 부근의 기압이 더 낮고 최대 풍속이 더 큰, 소위 말하는 슈퍼 태풍이 앞으로 더 자주 발생할 수 있다는 뜻입니다.

실제로 여러 과학자들은 과거 수십 년 동안의 태풍을 분석해서 그 강도가 강력해지고 있음을 알아냈습니다. 태풍의 빈도는 지역과 기간에 따라 차이를 보이지만, 그 강도는 수십 년에 걸쳐 증가하는 추세가 뚜렷합니다.

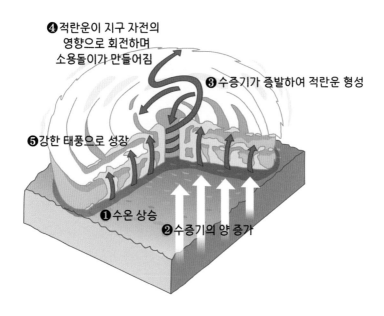

적란운

열대 바닷물이 다량의 수증기를 대기에 공급해 이것이 응결하면서 만들어진 두꺼운 구름. 위는 산 모양으로 솟고 아래는 비를 머금는다. 물방울과 빙정(氷晶)을 포함하고 있어 우박, 소나기, 천둥을 동반하는 경우가 많다.

원래 태풍을 비롯한 열대 저기압의 중심부 부근에서는 매우 강한 상승 기류와 함께 적란운● 형태의 구름이 잘 만들어집니다. 이렇게 두꺼운 구름이 많으면 태풍이 접근할 때 엄청난 폭우가 발생하며 산사태와 홍수가 일어날 수 있습니다. 또 태풍 중심부를 향해 반시계 방향(남반구에서는 시계 방향)으로 회전하는 나선형의 기류가 중심 부근에서는 매우 강력하기 때문에, 태풍이 접근하면 강풍으로 인한 피해도 입지요.

2002년 태풍 루사와 2003년 태풍 매미가 한반도에 상륙하며 큰 피해를 입은 이후, 우리나라도 태풍 방재 노력을 통해 피해액을 줄여왔습니다. 그러나 2020년부터 다시 태풍 피해액이 급증했습니다. 특히 역대급으로 강력했던 2020년 태풍 바비, 마이삭, 하이선은 8월 말부터 9월 초까지 연달아 한반도를 강타했지요.

태풍 피해는 2022년과 2023년에도 이어졌습니다. 매우 강력했던 2022년 태풍 힌남노는 부산을 스치듯 통과하며 경주, 포항 일대에 큰 피해를 입혔습니다. 2023년 태풍 카눈은 중국에 상륙하려다가 일본으로 향했고, 이어 우리나라로 방향을 틀면서 그 경로를 예측하기가 유난히 어려웠습니다. 태풍의 성격이 달라지고 있음을 피부로 느낄 수 있었지요. 한 차원 더 높은 수준의 태풍 방재를 위한 노력 없이는 태풍 피해가 급증할 것입니다.

기후변화가 기후위기로 심화하며 해양에 흡수된 거대한 열에너지 탓에 웜풀 해역의 해표면 수온은 오르고 있으며, 그 영역은 빠르게 넓어지는 중입니다. 웜풀 해역을 비롯한 열대 해양 환경의 변화는 태풍, 사이클론, 허리케인과 같은 열대 저기압의 위력을 높여서 역대급의 태풍, 사이클론, 허리케인이 증가하고 있지요.

기후변화가 심화하며 나타나는 열대 저기압의 강화는 우리나라만의 문제가 아닙니다. 실제로 세계 곳곳에서 피해가 급증하고 있습니다. 게다가 슈퍼 태풍으로 인한 거대한 폭풍 해일이 일어나면 해안가의 저지대뿐만 아니라 인접한 지역까지 피해를 입을 가능성이 높습니다.

 알아봅시다

태풍은 어떻게 구분할까?

태풍을 구분할 때는 크게 크기와 강도라는 두 가지 기준에 따릅니다.

크기를 기준으로 구분할 때는 초속 15m 이상의 강풍이 부는 반경을 의미하는 '강풍 반경'을 이용하지요. 강풍 반경 내에 있으면 태풍 영향권으로 봅니다. 그 영향권이 300km 미만이라면 '소형' 태풍, 300~500km 범위에 영향을 미치면 '중형' 태풍, 500~800km 범위에 영향을 미친다면 '대형' 태풍, 그리고 800km 이상의 넓은 범위에 영향을 미치면 '초대형' 태풍으로 분류합니다. 2020년 이후로는 정확한 강풍 반경과 초속 25m 이상의 더욱 강한 바람이 부는 '폭풍 반경'도 수치로 제공합니다.

그런데 태풍의 크기가 크다고 해서 그만큼 위력적이라는 의미는 아닙니다. 태풍의 위력은 크기가 아닌 강도를 기준으로 판단하기 때문입니다. 강한 대형 태풍도 있지만 약한 대형 태풍도 있으며, 약한 소형 태풍과 강한 소형 태풍도 있지요. 강도와 크기는 서로 다른 기준입니다.

태풍의 강도는 중심 기압이 낮을수록, 중심 부근의 풍속이 클수록 증가합니다. 중심 부근의 순간 최대 풍속을 기준으로 초속 17~25m의 '약한' 태풍, 초속 25~33m의 '중간' 태풍, 초속 33~44m의 '강한' 태풍, 초속 44~54m의 '매우 강한' 태풍, 그리고 초속 54m 이상의 '초강력' 태풍으로 구분하지요. 초강력 태풍 등급은 2020년 이후 새로 만들어진 등급입니다.

약한 태풍이라고 해도 초속 17m 이상의 강풍이 불면 간판이 날아갈 정도의 피해가 발생하기 때문에 철저한 대비가 필요하지요. 강한 태풍과 매우 강한 태풍은 중심 부근에서 기차가 탈선하고 사람과 커다란 돌이 날아갈 만큼 강력합니다. 초강력 태풍이 발생할 경우 건물이 붕괴되기도 합니다.

동태평양과 대서양에서 발생하는 허리케인은 사피어-심프슨 허리케인 등급(Saffir-Simpson Hurricane Scale)이라는 강도 구분을 사용합니다. 중심 부근의 풍속이 초속 17m 미만이면 '열대 저압부', 초속 18~32m의 경우 '열대 폭풍'으로 구분하지요. 좀더 세부적으로 나누어 초속 18~24m의 열대 폭풍과 초속 25~32m의 강한 열대 폭풍으로 구분하기도 합니다.

초속 33m 이상의 강풍이 부는 경우에는 5개의 등급으로 나눕니다. 카테고리 1은 초속 33~42m, 카테고리 2는 초속 43~49m, 카테고리 3은 초속 50~58m, 카테고리 4는 초속 59~69m, 마지막으로 카테고리 5는 초속 70m 이상의 허리케인을 가리킵니다.

● 어디로 향할지 알 수 없는 태풍이 온다

기후변화로 인한 웜풀의 확장은 태풍의 강도에만 영향을 미치는 것이 아닙니다. 웜풀이 확장되며 중위도와 가까운 곳에서 태풍이 발생하기도 하고, 태풍의 이동 경로가 전과 달라지기도 하지요.

태풍의 이동 경로는 배경 기압과 해수면 수온 분포 등에 영향을 받습니다. 보통 태풍은 무역풍이 우세한 열대 서태평양에서 발생한 후 북상하며 서쪽으로 치우칩니다. 그러다가 편서풍이 우세한 중위도에 도달한 후에는 동쪽으로 치우치는 형태로 진행 경로가 달라지지요. 그러나 기후변화로 인해 기압 배치와 해수면 수온 분포가 달라지면서 과거에 잘 볼 수 없었던 경로로 이동하는 태풍이 나타나기도 합니다.

그 대표적인 예가 2022년 태풍 힌남노입니다. 힌남노는 그 생성부터 이례적이었습니다. 본래 태풍이 만들어지는 열대 해역이 아닌 중위도 온대 해역에서 발생했고, 북상하지 않고 오히려 남하하여 다른 태풍과 합쳐진 후에 다시금 북상하는 기이한 행보를 보였지요.

전반적인 해양 환경이 변화함에 따라 과거와 다른 기이한 형태의 태풍은 앞으로도 속출할 것으로 보입니다. 슈퍼 태풍이 언제, 어디를 기습적으로 강타할지 빠르고 정확하게 알아내어 제대로 대응하기 위해서는 앞으로 더욱 많은 연구가 필요합니다.

지구의 얼음은 얼마나 녹았을까?

🌡 만년설, 영구동토

● 지구상 대부분의 얼음이 위치한 곳

과학자들은 오늘날 전 지구 평균 해수면이 상승하는 주된 이유로 두 가지를 꼽습니다.

첫 번째 원인은 해양의 수온이 오르는 해양 온난화(ocean warming) 현상입니다. 해양 온난화는 바닷물의 열팽창으로 부피를 증가시키므로 해수면 상승의 주요 원인이 되지요. 전체 질량은 달라지지 않더라도 바닷물의 수온이 높아질수록 부피가 커지는데, 바닷물이 해져면 아래로 파고들어 가지는 못하므로 해수면이 오르는 것입니다.

두 번째 원인은 융빙수의 증가입니다. 융빙수란 눈이나 얼음이 녹아 생긴 물입니다. 육상에 있는 거대한 빙하, 즉 육빙이 부서지고 깨지며 해양으로 흘러 들어가는 것이죠. 결과적으로 바닷물의 질량 자체를 늘리는 효과를 낳습니다.

과거 2000년대 중반까지는 열팽창 효과와 융빙수 효과에 따른 해수면 상승 정도가 거의 일대일이었지만, 그 이후로 융빙수 효과에 의한 해수면 상승 비율이 더 높아졌습니다. 그만큼 육빙이 많이 사라지고 있다는 말이죠.

그런데 열팽창 효과로 인한 바닷물의 수온 변화는 비교적 관측하기 쉬운 반면, 융빙수로 인한 바닷물의 질량 변화는 정밀한 파악이 매우 어렵습니다. 그만큼 미래 평균 해수면을 전망하기란 까다로운 일이죠. 어디에 있는 어느 부분의 빙하가 얼마나 빠른 속도로 녹고 있는지, 융빙수는 언제, 어디로, 얼마나 멀리 확장하는지 등에 대해서는 활발한 연구가 이루어지고 있습니다.

여기서 한 가지 더 짚고 넘어가야 할 점은 북극해의 빠른 온난화에 따른 해빙 감소는 육빙 감소와 달리 해수면을 상승시키지는 않는다는 사실입니다. 해빙은 바닷물이 얼어 만들어진 것으로 바닷물 위에 둥둥 떠 있지요. 그러니 해빙이 녹아서 사라진다고 해도 원래 부피만큼의 바닷물로 변화하는 것이므로 해수면은 상승하지 않습니다. 그러나 대륙 위에 있던 육빙이 부서져 해양으로 흘러들어간 뒤 녹아 융빙수가 증가하면 녹은 육빙만큼 바닷물의 질량이 늘어나는 것이므로 수온이 일정하더라도 해수면은 높아집니다.

고위도 지역은 물론 저위도나 중위도 지역에서도 고도가 높아 기온이 낮은 곳에서는 다양한 형태의 육빙을 볼 수 있습니다. 세계에서 가장 높은 산인 에베레스트와 아프리카의 최고봉인 킬리만자로의 만년설이 대표적이지요. 높은 산 정상부에 있는 만년설은 계절이 바뀌어도 녹지 않습니다. 그러나 지구 전체의 빙하 중 만년설이 차지하는 비중은 극히 작습니다.

대부분의 빙하는 고위도 지역에 위치합니다. 고위도 지역의 땅은 여름에도 잘 녹지 않고 1년 내내 계속 얼어 있는데, 이를 영구동토(permafrost)라고 합니다. 북극해 주변의 상당히 넓은 육지가 영구동토에 해당하지요. 영구동토는 북반구 전체 면적의 약 4분의 1에 달하며, 주로 러시아와 캐나다에 있습니다.

앞에서 소개했던 북극해의 해빙도 대표적인 고위도 지역의 빙하이지요. 해빙은 북극해 외에 남극해에도 있습니다. 하지만 지구상에 존재하는 전체 빙하에서 영구동토나 해빙이 차지하는 비율 역시 미미한 수준입니다. 그럼 대부분의 빙하는 어떤 형태로 존재하고 있을까요?

지구상 빙하의 90% 이상은 그린란드와 남극대륙에 빙상(ice sheet)의 형태로 존재하고 있습니다. 빙상이란 대륙의 넓은 지역을 뒤덮는 빙하를 말합니다. 그린란드와 남극대륙에는 지구의 다른 곳에서는 볼 수 없는 거대한 빙하가 5만 km^2에 달하는 광활한 면적을 뒤덮고 있지요. 특히 동남극이라고 불리는 남극대륙 동부의 빙하는 그 두께가 수천 m에 달하며 면적도 넓어 그 부피가 매우 큽니다. 그린란드와 남극대륙의 빙상이 녹아 융빙수가 된다면 바닷물의 질량 역시 그만큼 늘어날 수밖에 없지요. 전 지구적 해수면 상승, 특히 융빙수에 의한 해수면 상승을 예측할 때 그린란드와 남극대륙 빙상의 두께를 관찰하는 것이 중요한 이유입니다.

● 사라지는 빙하

미국 항공 우주국(NASA)에 속한 과학자를 비롯한 전 세계 해양 및 빙권 과학자들은 2002년부터 20년 넘게 그린란드와 남극대륙 빙상의 두께를 지속적으로 관찰해 왔습니다. 그 결과, 그린란드와 남극대륙의 빙상 모두 그 가장자리를 중심으로 빙하 두께가 빠르게 얇아지고 있음을 알게 되었지요.

그린란드 빙상에서 사라지는 빙하의 질량은 연간 2,800억 톤 이상에 달합니다. 이는 지구에 사는 모든 사람이 지난 20년 동안 매달 3톤 트럭에 빙하를 가득 실어 그린란드에서 바다로 옮긴 양에 해당합니다. 한 사람당 720톤 이상의 빙하를 제거한 셈입니다.

남극대륙에서도 매년 1,200억 톤 이상의 빙하가 사라지는 중입니다. 아직까지는 그린란드에 비해 적은 수준이지요. 그런데 남극대륙의 빙하 중 눈여겨봐야 하는 것이 있습니다. 바로 스웨이츠 빙하(Thwaites Glacier)입니다. 스웨이츠 빙하의 두께가 얇아지는 속도는 남극대륙에서는 물론 그린란드를 포함해도 가장 빠른 것으로 알려져 있습니다.

스웨이츠 빙하가 녹는 속도가 워낙 빠르기도 하지만 만약 완전히 무너져 내리면 그 여파가 너무나 심각할 것이기에 우려가 큽니다. 스웨이츠 빙하가 무너질 경우 그 안쪽에 자리 잡고 있는 거대한 서남극 빙상 전체가 바다로 대량 흘러내릴 수 있는 지형 구조이기 때문이지요. 이러한 이유 때문에 스웨이츠 빙하는 '운명의 날 빙하(Doomsday Glacier)'라는 별칭으로도 불립니다. 최근에는 스웨이츠 빙하가 빠른 속도로 녹으며 갑작스럽게 붕괴될 가능성까지 조심스레 제기되고 있는 상황입니다.

　그림에서 알 수 있듯, 스웨이츠 빙하는 대기의 높은 기온에 의해 표면부터 서서히 녹는 것이 아닙니다. 환남극 심층수라는 따뜻한 바닷물이 빙하 아래로 들어가 빙하를 깊숙이 파고들면서 빠르게 녹고 있지요. 환남극 심층수의 온도는 바닷물이 어는점보다 3~4℃ 높기 때문에 빙하가 녹습니다. 빙하와 땅이 맞닿아 있는 지반선은 환남극 심층수에 의해 점점 안쪽으로 밀려나고 있습니다. 그래서 빙상 전체가 불안정해져 자칫 돌발적인 붕괴로 이어질 수 있다는 우려가 제기되는 것이지요.

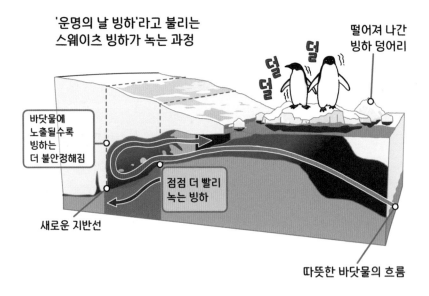

'운명의 날 빙하'라고 불리는 스웨이츠 빙하가 녹는 과정

바닷물에 노출될수록 빙하는 더 불안정해짐

새로운 지반선

점점 더 빨리 녹는 빙하

떨어져 나간 빙하 덩어리

따뜻한 바닷물의 흐름

스웨이츠 빙하가 지금 당장 붕괴될 가능성이 매우 높다고 할 수는 없습니다. 그러나 스웨이츠 빙하가 갑자기 붕괴되면 평균 해수면은 65cm나 올라갑니다. 스웨이츠 빙하 안쪽의 서남극 빙하 전체가 바다로 흘러나온다면 문제는 더욱 커집니다. 샴페인의 뚜껑을 열면 샴페인이 솟구치듯이, 그 경우 평균 해수면은 무려 5.2m까지 상승할 수 있습니다. 그렇기 때문에 각국의 과학자들이 국제 공동 연구를 통해 스웨이츠 빙하를 예의주시하며 정밀히 진단하기 위해 노력을 기울이고 있습니다.

● 늘어나는 융빙수와 차오르는 해수면

스웨이츠 빙하도 무너지지 않고, 서남극 빙상도 유출되지 않은 현재에도 해수면은 이미 연간 3~4mm씩 상승하고 있습니다. 10년이면 3~4cm가 상승하는 셈이지요. 별것 아닌 높이라고 생각하기 쉽지만 역시 평균의 함정에 빠져서는 곤란합니다. 해양은 지구 표면적의 절반 이상을 차지할 만큼 넓은데, 그토록 넓은 해양이 일제히 상승했다는 사실은 엄청나게 많은 양의 바닷물이 늘어났다는 의미이지요. 또이는 지구 전체의 평균 속도라서 이보다 훨씬 더 빠른 속도로 해수면이 상승하는 지역도 있습니다.

무엇보다 그 속도가 꾸준히 빨라지고 있다는 사실에도 주목해야 합니다. 1993~2002년에는 연간 2.1mm씩 높아졌던 해수면은 2003~2012년에는 연간 2.9mm씩, 2013~2022년에는 연간 4.5mm씩 상승했습니다.

이는 인공위성을 이용해 해수면을 관측하기 전, 전 세계 연안 조위관측소에 기록된 자료를 통해 파악한 1950~1980년대의 전 지구 평균 해수면의 상승 속도에 비해 몇 배나 빨라진 수치입니다.

당시에는 곳곳에 새로운 댐을 건설했기에 강물 유출 유량이 전반적으로 줄어들어 해수면 상승 속도가 늦춰진 것으로 여겨집니다.

평균 해수면을 상승시키는 주된 요인은 앞서 소개한 열팽창 효과와 융빙수 효과이지만, 지역적으로는 더 다양한 원인이 얽혀 있습니다. 예를 들어 땅의 표면이 다른 지역보다 더 빠르게 침하하는 지역에서는 실제 해수면 상승 속도보다 더 빠른 속도로 바닷물이 내륙으로 밀려 들어올 수 있습니다.

이외에도 해류 순환, 기압 배치와 해상풍, 해저 지형, 엘니뇨*, 열대 바다의 기후 변동 등 다양한 요인으로 해수면의 상승 속도는 달라지기도 합니다. 따라서 해수면 상승 정도를 정확하게 전망하고 그에 맞는 방재 시설 등 대응책을 수립하려면 해수면 상승 요인에 대한 종합적인 연구가 필요합니다.

앞에서 태풍과 폭풍 해일이 점점 더 강력해질 것임을 설명했지요. 해수면이 상승하지 않았던 과거에도, 밀물이 육지와 가장 가까운 곳까지 밀려 들어왔던 만조 때 폭풍 해일이 들이닥치면 해안가 저지대는 각종 침수 피해를 입었습니다. 해수면 상승이 현실이 된 지금은 평균 해수면 자체가 높아진 상태이므로 동일한 위력의 태풍에도 피해 범위가 더욱 넓어질 것입니다.

한편 평균 해수면 상승으로 수심에 변화가 생기면 해안으로 밀려오는 물결의 특성도 달라집니다. 물결의 특성이 달라지면서 해안을 따라 수송되는 퇴적물의 이동 패턴도 변화해 해안 침식 등의 피해가 발생할 수도 있습니다. 그러므로 해일과 해안 침식 등으로 인한 피해 규모가 급증하지 않도록 해수면 상승에 대처해야 합니다.

6

지구상에 맛없는 초콜릿만 남는다면?

🌡 카카오와 포도

● 점점 어려워지는 카카오와 커피 재배

기후가 변화함에 따라 지구의 환경이 전체적으로 달라지고, 생태계를 구성하는 동식물의 서식지도 바뀌고 있으니 농산물과 해양의 수산 자원도 변화를 겪을 수밖에 없겠지요. 기후변화는 우리가 먹고 마시는 음식에도 영향을 끼친다는 의미입니다.

기후변화에 영향을 받을 대표적인 작물로 초콜릿을 들 수 있습니다. 많은 사람들이 즐겨 먹는 초콜릿은 카카오로 만들어지는데, 카카오 나무는 재배 방법보다 기후 조건에 더 큰 영향을 받지요. 즉, 기후변화로 재배하던 곳의 환경이 바뀌면 재배가 어려워집니다.

카카오는 고온 다습한 환경, 특히 비가 많이 내리는 열대 지역에서 잘 자라지요. 카카오는 다른 식물이 만들어주는 그늘이 필요하기 때문에 온도가 지나치게 높은 곳에서는 자라지 않고, 여러 종류의 식물이 뒤섞여 공존하는 숲속에서 잘 자랍니다. 이러한 조건을 모두 갖춘 서아프리카의 가나와 코트디부아르는 전 세계 카카오 생산의 70% 이상을 책임집니다.

문제는 기후가 변화하면서 서아프리카 내에서도 카카오 재배에 적합한 곳이 점점 고위도로, 높은 고도로 이동하고 있다는 점입니다. 산이 없고 평탄한 서아프리카에서 카카오 재배 지역이 줄어들 수밖에 없지요. 따라서 20~30년 후에는 카카오 생산량이 절반 수준으로 줄어들 것으로 전망됩니다. 2050년이 되면 초콜릿은 매우 비싸고 희귀한 기호품이 되어 지금처럼 밸런타인데이마다 초콜릿을 주고받는 일이 불가능해질 수 있지요. 또한 기후 조건에 따라 카카오 나무에 가해지는 자극이 달라져 초콜릿의 맛이 달라질 수 있다는 연구 결과도 발표되었어요. 기후가 바뀌며 초콜릿 없는 세상 혹은 맛없은 초콜릿만 남는 세상이 될지도 모릅니다.

그런데 전 세계적으로 초콜릿 산업이 성장하며 카카오를 찾는 사람들은 늘고 있습니다. 그래서 더 많은 카카오를 수확하기 위해 숲을 없애고 새로운 카카오 종자를 심는 것도 문제입니다. 숲을 없앤다는 것은 자연의 온실가스 흡수량을 줄여 기후변화를 더욱 부채질하는 꼴입니다. 그럴 경우 카카오 재배에 적합한 온도와 습도 등의 조건을 맞추기가 더욱 어려워지겠지요. 최근 세계적인 초콜릿 생산 업체들이 유전자 공학으로 눈을 돌려 기후변화에 적응할 수 있는 카카오 종자를 개발하려 애쓰는 이유입니다.

커피 나무도 카카오 나무처럼 재배 조건이 까다로워서 기후변화에 민감합니다. 흔히 커피 벨트(coffee belt)라고 불리는, 북위 25°에서 남위 25° 사이의 열대 및 아열대 지역만이 커피 재배 조건을 만족합니다. 커피 나무를 기르기 위해선 위도 외에도 해발 고도, 토양, 기후 등 고려해야 할 사항이 많지요.

흔히 하와이안코나, 자메이카블루마운틴, 예멘모카를 세계 3대 커피로 꼽습니다. 세계적인 명성을 얻을 수 있었던 배경에는 좋은 원두 품질이 있지요. 그리고 원두의 품질을 좌우하는 것은 재배 기술과 자연적인 환경 조건입니다. 그중에서도 하와이안코나는 하와이 빅아일랜드에 있는 마우나로아산의 서부에서 재배됩니다. 해발 4,000m가 넘는 마우나로아산의 서부는 기온이 15~25℃로 유지되고 서늘한 바람이 붑니다. 또 적당한 양의 구름과 1,400~2,000mm의 연 강수량, 촉촉하고 배수가 잘되는 화산토 등 커피 나무를 기르는 데 최적의 조건을 갖추고 있지요. 하와이안코나 커피의 깊고 풍부한 맛의 원천인 이러한 환경이 과연 얼마나 오래 유지될 수 있을지는 미지수입니다.

● 점점 까다로워지는 와인 생산

초콜릿과 커피 외에 기후변화에 민감한 대표적인 식음료는 바로 와인입니다. 유명한 와인 양조장이 자리 잡고 있으며 와인 산업이 발달한 지역은 해양성 기후 또는 지중해성 기후를 갖추고 있지요. 이들 지역에서는 겨울과 봄에만 약간의 비가 내릴 뿐 여름과 가을에는 비가 잘 내리지 않고, 온난하고 건조합니다. 또한 해풍에 의해 비교적 높은 기온이 유지됩니다. 미국 서부의 캘리포니아, 칠레, 남아프리카공화국, 오스트레일리아, 뉴질랜드가 대표적이지요.

예를 들어 캘리포니아 북부의 나파밸리에는 800여 개의 와인 양조장이 있고 그 산업 규모는 약 13조 원에 달합니다. 이는 나파밸리가 포도 재배를 위한 천혜의 기후 조건을 갖췄기 때문입니다. 나파밸리는 전형적인 지중해성 기후로 여름은 온난하고 건조하며 일교차가 커서 저녁에는 서늘합니다. 봄과 가을에는 쾌적한 날씨가 이어지며 아침 및 저녁으로 쌀쌀합니다. 겨울은 상대적으로 따뜻하지요. 특히 늦여름부터 초가을은 포도 수확 계절로 와인 생산에 중요한 시기입니다.

그러나 기후변화로 지구가 온난화되면서 포도의 성장과 수확 시기가 앞당겨지거나 와인의 품질과 특성이 달라지고 있어서 나파밸리도 기후변화에 적절한 대응을 해야 하는 상황입니다. 기후변화가 이 지역의 기온과 강수 등의 기후 조건을 어떻게 변화시킬지는 와인 양조장의 주요 관심사입니다.

기후변화에 따른 강우량 변화도 포도 재배에 문제가 됩니다. 날씨가 지나치게 건조해지면 포도의 성장과 수확이 제한되기 때문이지요. 일부 와인 양조장은 와인을 지속적으로 생산할 수 있도록 적절한 환경 조건을 갖춘 곳으로 이동하는 것을 고민하기도 합니다. 또 변화하는 기후에 적합한 포도 품종으로의 전환도 생각 중이지요. 이처럼 와인 산업은 기후변화로 인한 포도 재배 환경 조건의 변화로 인해 새로운 도전에 직면하고 있습니다.

사실 와인 업계는 지구의 평균 온도가 높아져 포도를 생산하기에 더 좋은, 온난한 조건이 더 잘 갖추어졌음을 호재로 여겼습니다. 와인의 재료인 포도가 수확된 연도를 빈티지라고 부르는데, 같은 지역에서 재배된 포도라도 해마다 그 당도가 달라지기에 와인 평론가들은 그에 따른 빈티지 점수를 발표합니다. 최근 20년 가까이 유럽의 와인이 높은 빈티지 점수를 받을 수 있었던 배경에는 이러한 기온 상승이 있었던 것이죠.

그러나 기후변화가 심각해져 기후위기로 이어지며 강우량의 조건이 극단적으로 변하면서, 현재 와인 산업이 발달한 지역은 앞으로 와인을 제조하기에 부적합한 환경으로 바뀔 것으로 보입니다. 미국 캘리포니아, 오스트레일리아 등에 있는 와인 양조장뿐만 아니라 전통적인 와인 산지인 프랑스의 보르도, 이탈리아의 토스카나 등에서 생산되는 와인의 품질도 큰 타격을 입을 듯합니다. 와인 업계에서 포도 품종의 선택, 작물 관리 기술 개발, 수확 시기 조정 등 기후변화에 대한 다양한 대응 전략을 세우는 이유입니다.

● 기후변화가 농업에 끼치는 영향

대표적인 몇 가지 사례를 통해 알아보았듯이 농업은 자연환경에 대한 의존도가 높은 산업입니다. 기후가 변화함에 따라 기온이 상승하고 강우량이 달라지는 등 특정 지역의 환경이 바뀌면 그 지역에서 재배하기 적합했던 농작물을 더 이상 재배하기 어려워집니다. 장기간의 가뭄이나 폭우 등 극단적인 기상 현상이 농업에 악영향을 끼치기도 하고요.

이외에도 기후변화는 다양한 방식으로 농작물의 수확량과 품질, 토양의 생산성에 영향을 끼칩니다. 해충에 취약한 일부 농작물이 지구온난화에 따른 병에 감염될 수도 있고, 해수면이 상승하면서 연안 지역의 토양에 염분이 침투할 수도 있습니다. 생태계가 파괴되며 수분을 담당하는 곤충과 새가 사라지는 것도 농업 생산량에 타격을 줄 수 있지요.

농업 생산량이 달라지면 농작물의 가격이 상승합니다. 이는 농업인의 생계에 영향을 끼치는 등 경제적 여파로까지 이어지고 더 나아가 식량 위기를 불러올 수 있지요. 현재 전 세계 인구수를 고려한 식량 수요는 식량 공급을 넘어섰습니다. 밀, 옥수수, 쌀, 콩 등 주요 곡물은 기후변화로 인해 그 양이 더욱 부족해질 것으로 전망되고 있습니다.

물론 기후변화가 모든 국가의 농업 생산에 부정적인 영향만 끼치는 건 아닙니다. 하지만 전체적으로는 식량 공급이 부족해질 것이란 우려가 제기되지요. 농업 생산력의 저하로 식량 가격이 상승하면 이를 감당하기 어려운 국가에서는 굶는 인구가 증가할 것입니다. 앞으로 증가할 인구의 상당 비율이 영양실조와 기아로 고통받는다는 암울한 전망이 인류에게 큰 도전으로 다가온 셈입니다.

이에 사람들은 변화하는 기후에 적응하기 위한 신기술을 개발하며 지속 가능한 방식으로 농업을 이어가기 위해 노력하고 있습니다. 기후변화가 심화되는 오늘날, 인류가 농작물 수확량을 유지하여 식량 위기를 막는 것은 중차대한 문제입니다. 특히 식량 자급률이 낮아 주로 다른 나라에서 식량을 사 와야 하는 우리나라에는 더욱 중요한 문제입니다.

코로나19 같은 일이 또 올 수도 있다고?

🌡️ 생태계, 생물 다양성, 감염병

● 사라지는 꿀벌과 사라지지 않는 모기

여러분은 '벚꽃 없는 벚꽃 축제'에 대해 들어본 적 있나요? 기후변화로 인해 기온 변동성이 커져 꽃이 피는 시기가 들쭉날쭉해졌습니다. 꽃이 언제 필지 가늠하기 어려우니 꽃 축제를 준비하는 사람들은 난처하기 그지없지요.

기온이 상승하여 꽃이 평소보다 일찍 피면 식물의 번식에도 문제가 생깁니다. 꽃은 이미 피었는데 벌과 나비같이 꽃가루받이●를 해주는 곤충이 아직 겨울잠에서 깨어나지 않았다면, 식물의 번식이 어려워지겠지요.

식물과 곤충의 생태계가 달라지면 이를 먹이로 삼는 새도 연쇄적으

로 영향을 받습니다. 새가 곤충의
계절별 행동 변화에 적응하기 위
해서는 알을 낳는 시기도 달라져
야 하기 때문입니다. 또한 철새와

꽃가루받이
종자식물에서 수술의 화분(花粉)이 암술
머리에 옮겨 붙는 일. 바람, 곤충, 새 또는
사람의 손에 의해 이루어진다.

같이 긴 거리를 이동하는 동물들은 먹이를 구하거나 번식 및 휴식을
하기 위한 서식지가 필요한데, 기후변화로 서식지 환경이 바뀌면 철
새의 이동에도 변화가 일어나겠지요. 이처럼 기후변화는 기온이 오르
는 데 그치지 않고 생태계 전체에 연쇄적으로 지대한 영향을 미치게
됩니다.

'꿀벌이 사라지고 있다'는 뉴스를 한 번쯤은 접했을 것입니다. 여러
곤충 중에서도 꿀벌은 꽃과 꽃가루를 수집하여 꿀을 만드는 과정에서
꽃의 화분과 영양분을 전파하지요. 이를 통해 사과, 수박, 자두 등 과
일을 포함한 수많은 식물의 번식과 농작물 생산에 매우 중요한 역할
을 담당합니다.

그러나 기후변화로 기온 변동성이 커지면서 꽃의 개화 시기가 들쭉
날쭉해지자 꿀벌이 화분을 확보하는 데 어려움을 겪고 있습니다. 이
에 따라 꽃의 수분과 영양분의 전파에도 제약이 생길 수 있지요. 강우
량이 과거와 달리 불규칙적으로 변화하고 폭우 또는 가뭄 등 전례 없
는 극단적인 자연재해가 발생하면서 꽃들의 생장에 부정적인 영향을
미치는 것도 꿀벌 생태계를 위협합니다. 더구나 해충과 기생충, 질병
이 증식하고 이동식 양봉, 살충제 사용 등 인간의 개입이 꿀벌을 더욱
위협하면서 겨울잠을 자던 꿀벌이 집단 폐사하는 등의 문제가 일어나
고 있어요. 우리나라뿐 아니라 북미, 남미, 유럽 등 전 세계에서 꿀벌

의 개체 수는 매우 빠르게 감소하고 있습니다. 꿀벌 서식지를 보호하려는 노력이 중요한 이유입니다.

꿀벌이 사라지는 현상과 반대로 모기는 그 개체 수가 늘고 있습니다. 온난한 환경을 선호하는 모기는 기후변화에 따라 서식지가 점점 넓어지는 중입니다. 강우량도 모기의 서식 환경을 변화시키는 요인이지요. 일부 지역에서는 가뭄으로 인해 모기의 서식지가 감소하는 반면, 강우량이 증가한 지역에서는 모기가 번식할 수 있는 환경이 조성되어 모기의 개체 수가 늘어나고 있습니다.

모기는 기온이 10℃ 이하로 떨어지면 겨울잠에 들어가는데, 지구온난화로 인해 겨울잠 패턴도 변하고 있어요. 특히 우리나라를 포함하여 겨울철 기온이 높아지고 있는 많은 지역에서는 머지않아 모기가 겨울잠을 자지 않을 수 있습니다. 모기의 개체 수가 증가하고 활동 기간이 길어지면 말라리아나 일본 뇌염과 같이 모기를 매개로 퍼지는 질병의 위협도 높아지겠지요. 그만큼 기후변화로 인한 곤충 서식지의 변화에도 관심을 가지고 곤충을 매개로 하는 질병을 예방하기 위한 조치가 중요할 것입니다.

● 생태계의 변화와 생물 다양성 위기

앞에서 알아본 것처럼 기후변화는 각종 동식물의 서식지를 변화시킵니다. 꿀벌과 모기 같은 곤충뿐 아니라 육상과 해양 생태계 전반에 영향을 끼쳐 전 지구적으로 근본적인 환경 변화를 불러오지요.

육상 생태계는 변화를 겪는 동시에 불안정해지는 경향이 있습니다. 기온, 강우량, 습도 등의 환경 변화는 동식물의 서식지 분포에 영향을 끼치는데, 동식물의 서식지는 대체로 고위도로, 점점 더 높은 고도로 이동합니다. 그에 따라 일부 지역에서는 특정 생물 종의 서식지 분포 범위가 확대되는 반면, 또 다른 지역에서는 생태계 균형이 깨지며 멸종 위험 종이 증가할 수 있습니다. 기후 조건이 바뀌어 해당 종이 적응할 수 없는 환경이 되기 때문이지요.

기후변화는 도시화로 인한 열섬 효과를 더 강화하여 도시 내 자연 생태계에 부정적인 영향을 미치기도 합니다. 이와 같은 육상 생태계의 변화는 생태계의 기능과 생산성, 생물 다양성, 식량 생산 등에 영향을 미치기 때문에 인류의 기후변화 적응 과정에서 중요하게 고려해야 할 문제입니다.

해양 생태계는 육상 생태계보다 기후변화에 더 민감하게 반응합니다. 지구온난화로 축적된 열은 대개 해양에 흡수되는데, 이 때문에 바닷물의 온도가 전반적으로 상승하는 해양 온난화가 진행 중이지요. 또한 대기 중 이산화탄소가 해양에 흡수되어 바닷물에 녹아 있는 탄소 농도가 높아져 산도가 강화되는 해양 산성화도 진행 중입니다. 뿐만 아니라 바닷물의 산소 농도가 감소하는 해양 탈산소화(ocean deoxygenation), 융빙수 증가로 인한 해양의 염분 하강도 동시에 이뤄지고 있지요.

기후변화로 나타나는 전반적인 해양 환경의 변화는 해양 생물에 직접적인 영향을 미치고 있습니다. 예를 들면 해양 산성화로 인해 산호초 생태계가 파괴되는 백화 현상(갯녹음)이 발생하고 있지요. 백화 현상이란 이름이 붙은 이유는 심각한 스트레스를 받은 산호초는 그 색이 하얗게 바뀌며 죽기 때문입니다. 산호초는 다양한 해양 생물들에게 서식처를 제공하는 만큼 백화 현상이 해양 생태계에 끼치는 영향은 크지요. 물론 해양 환경의 변화는 특정 종에게는 생물 종 간의 경쟁에서 유리한 환경을 제공하기도 하지만, 전체적으로 보았을 때는 해양 생물 다양성 감소 등 해양 생태계에 미치는 부정적인 영향이 심각합니다.

기후변화는 이처럼 육상과 해양 생태계 전반에 부정적인 영향을 미쳐 생물 다양성의 위기로 번지고 있습니다. 기후변화뿐만 아니라 인간의 산림 파괴, 환경오염, 자원 남용 등에 의해 생물 다양성의 위기는 빨라지고 있지요. 생태계는 모두 연결되어 그 영향이 연쇄적으로 이어집니다. 생태계의 균형이 깨지고 그 기능이 약화되어 각종 동식물이 멸종 위기에 처하면 그들이 수행하던 생태학적 역할이 사라져 그 피해는 고스란히 인간에게 미칠 것입니다.

알아봅시다

땅에 나무를 심듯
바다에 해조류를 심는 날, 바다 식목일

백화 현상은 '바다 사막화'라고도 불립니다. 산호초와 해조류가 모여 숲을 이루던 바닷속 땅이 나무가 자랄 수 없는 건조한 사막처럼 변하기 때문이지요.

우리나라의 바다 사막화도 심각한 수준입니다. 어촌계 100여 곳이 모여 물질을 하고 조업을 하는 제주 앞바다도 백화 현상으로 인해 어장의 3분의 1 정도가 하얗게 변해 버렸지요. 2019년 기준으로 해당 어장의 해조류 생산량은 지난 30년간 92%나 감소했습니다. 특히 우뭇가사리나 톳의 생산량은 10년 전과 비교해도 80% 가까이 감소했지요. 미역, 모자반, 톳 등의 해조류가 사라지자 이를 먹고 살아가는 성게, 소라, 전복, 어류의 개체 수까지 급작스럽게 줄어드는 등 해양 생태계가 연쇄적으로 변화를 겪는 중입니다.

해조류는 여러 해양 생물의 먹이일 뿐 아니라 몸을 숨기는 은신처이자, 알을 낳는 산란장 역할도 합니다. 또 광합성을 통해 이산화탄소까지 흡수하지요. 우리나라는 이처럼 해양 생태계에서 중요한 역할을 도맡는 해조류를 지키기 위해 매년 5월 10일을 '바다 식목일'로 지정했어요. 민둥산에 나무를 심듯, 바다에 해조류를 심는 것이지요. 지금까지 2만 헥타르(ha, 1ha=10,000m^2)가 넘는 면적에 바다 숲을 조성했어요. 2030년까지 5만 4,000헥타르의 바다 숲을 조성하는 것이 목표이지요. 하지만 이에 대한 관심과 이해는 아직 부족한 상황입니다. 해양 생태계 복원을 위해 바다 식목일에도 관심을 가지는 것이 좋겠지요.

● 점점 커지는 감염병 위험

기후변화로 여러 생물들의 서식지가 크게 바뀌면 인간과 동식물이 상호 작용하는 방식도 달라질 수밖에 없습니다. 그 과정에서 과거에 경험하지 않아 인류가 면역력을 갖추지 못한 새로운 바이러스, 특히 인간과 동물 모두 감염될 수 있는 인수 공통 감염병이 앞으로 더 심해질 수 있어 대비가 필요하지요. 과학자들이 오래전부터 경고해 온 기후변화로 인한 감염병 충격이 사스(중증급성호흡기 증후군), 메르스(중동호흡기 증후군), 코로나19(코로나바이러스감염증-19)로 이미 현실화된 것처럼 보입니다.

기후변화로 인해 열대 지역이 더 넓어지면서 질병을 일으키는 병원체 활동이 증가하고 있습니다. 병원체란 병을 일으키는 본체로, 세균과 바이러스 등을 가리킵니다. 병원체는 온난한 조건에서 더 빠르게 전파되기 때문에 감염병이 발생할 가능성도 증가합니다.

전 세계적인 팬데믹으로 인류를 괴롭혔던 코로나19도 정확한 전파 경로는 밝혀지지 않았지만, 기후변화에 따른 산림 생태계의 변화가 중국 남부 지역을 코로나바이러스의 핫 스폿(hotspot)으로 만들었을 것이라는 연구 결과가 발표되기도 했습니다. 실제로 코로나19가 시작된 것으로 추정되는 중국 남부 지역은 기후변화와 함께 식물 생태계에 큰 변화가 일어난 곳입니다. 기존의 열대 관목 지대가 열대 초원 지대(사바나)와 낙엽수 산림 지대로 바뀐 것이지요. 이는 박쥐가 서식하기에 좋은 환경이기도 합니다.

박쥐는 약 3,000종에 달하는 코로나바이러스를 가지고 있지만 대부분 아무런 증상을 보이지 않습니다. 박쥐가 인간에게 바이러스를 퍼트리는 경우도 드물지요. 그러나 인간에게 감염되는 것으로 알려진 몇몇 코로나바이러스는 박쥐에게서 비롯되었을 가능성이 매우 큽니다. 앞서 언급한 사스, 메르스, 코로나19를 유발한 바이러스들이 대표적이지요.

결국 기후변화로 인해 식물 생태계가 변화했고, 그에 따라 박쥐가 서식지를 옮기면서 병원체를 옮겼을 가능성이 높습니다. 즉, 기후변화가 코로나바이러스 출현에 영향을 미쳤다는 의미이지요. 생태계 전반이 변화하면 동물과 병원체 사이의 상호 작용에도 변화가 생기므로 기존의 감염병이 창궐하거나 전에 없던 새로운 감염병이 발생할 수도 있습니다.

기후변화로 인한 불규칙한 강우량도 모기와 진드기 등의 서식지를 변화시켜 감염병 확산에 일조합니다. 2023년에는 국내 말라리아 환자가 700명 넘게 발생했는데, 이는 12년 만에 가장 많은 환자 수입니다. 말라리아 환자가 이처럼 급증한 이유도 폭우와 폭염으로 인한 서식 환경의 변화가 모기의 개체 수를 늘린 탓입니다. 말라리아 외에도 일본 뇌염, 뎅기열 등 모기를 통해 전염되는 병에 걸리는 사람이 늘어나는 배경에도 기후변화가 있지요. 이러한 병원체는 예전부터 있었지만 우리가 그 존재를 모르던 것이라고 볼 수 있습니다. 기후변화로 인해 환경이 달라지면서 인류와 병원체가 더욱 많이 접촉하게 되고 더 많은 사람들이 감염되는 것이지요.

이처럼 기후변화로 인한 감염병 확산은 과거와 다른 양상으로 나타나며 인류의 건강을 위협합니다. 국제적인 협력과 감염병 예방 및 대응 전략을 강화해야겠지요. 그렇지 않다면 코로나19 팬데믹과 같은 혼란을 앞으로 계속 겪어야 할지도 모릅니다.

그레타 툰베리

　그레타 툰베리(2003~)는 스웨덴의 환경 운동가입니다. 기후변화와 환경 문제에 대한 전 세계인의 인식을 높이고 각국 정부와 기업들이 더 강력한 환경 조치를 취하도록 독려하고 있지요.

　그레타 툰베리는 아버지에게 영향을 받아 어린 시절부터 기후변화에 관심을 가졌어요. 8살 때부터 기후변화에 대해 공부했지만, 사람들이 적극적인 조치를 취하지 않는 현실로 인해 큰 절망감에 빠졌지요. 11살 때는 우울증을 겪으며 아스퍼거 증후군과 강박 장애, 그리고 특정 장소와 조건에서 말을 하지 않거나 극히 제한적인 말만 하는 선택적 함구증을 앓을 정도였어요.

　그레타 툰베리가 15살이 되었던 2018년 8월, 스웨덴은 262년 만에

가장 더운 여름을 맞았습니다. 이에 그레타 툰베리는 행동에 나섰어요. 스웨덴의 국회의원 선거가 열리는 9월까지 학교에 가는 대신 스웨덴의 수도인 스톡홀름에 위치한 국회의사당 앞에서 기후변화에 대한 대책 마련을 촉구하는 1인 시위를 벌인 것이지요. 이때 그녀는 '기후를 위한 학교 파업(school strike for climate)'이라는 피켓을 들고 시위했습니다.

국회의원 선거가 끝난 후에도 매주 금요일마다 학교에 가는 대신, 정치인들이 적극적으로 기후변화에 대응하도록 요구하는 시위를 이끌었습니다. 이러한 행동은 세계적 기후행동 시위인 '미래를 위한 금요일'로 이어졌지요. 시위에 동참하는 청소년들은 점점 늘어났고, 전 세계에서 수백만 명의 학생들이 매주 금요일마다 등교를 거부하고 시위를 벌일 정도로 확산되었지요.

그레타 툰베리는 2018년 12월 폴란드 카토비체에서 열린 제24회 유엔 기후변화협약 당사국총회에 참가해 각국 정부를 상대로 기후변화에 적극적으로 대응하길 촉구했습니다. 이어 2019년에도 여러 국제회의에서 연설하면서 전 세계적으로 주목받았지요. 9월에는 미국 뉴욕에서 열린 유엔 기후행동 정상회의에도 참석했는데, 이때 탄소 배출이 많은 항공기나 선박을 이용하지 않기 위해 태양광 요트를 타고 대서양을 건넜습니다.

유엔 기후행동 정상회의에서 그레타 툰베리는 강렬하고 직설적으로 연설했습니다. "저는 이 단상 위에 올라와 있으면 안 됩니다"라고 운을 뗀 그녀는 "저는 대서양 건너편에 있는 학교로 돌아가야 합니다. 여러분은 희망을 바라며 젊은이들을 위한다고 하면서 어떻게 감히 그렇게 행동할 수 있나요? 여러분은 헛된 말로 저의 꿈과 어린 시절을 앗아갔습니다"라며 연설을 이어갔습니다. 세계의 지도자들이 각종 환경 공약을 내세우면서도 아무 행동도 하지 않음을 날카롭게 비판한 것이지요. "생태계가 무너지고 대멸종 위기가 눈앞에 다가왔는데도, 당신들은 돈과 영원한 경제 성장이라는 동화 같은 이야기만 늘어놓고 있습니다"라며 목소리를 높였고, "미래 세대의 눈이 당신들을 향해 있으며 우리를 실망시킨다면 결코 용서하지 않을 것"이라 경고했습니다.

그레타 툰베리는 미국 시사 주간지 《타임(Time)》의 '2019년 올해의 인물'에 선정되었고, 같은 해 노벨 평화상 후보로도 선정되었습니다. 또 국제앰네스티 양심대사상을 비롯해 대안 노벨상이라고 불리는 바른생활상(The Right Livelihood Awards)도 받았습니다.

그레타 툰베리의 강력한 메시지는 전 세계적으로 큰 반향을 일으켰습니다. 많은 대중 매체의 주목을 받으며 기후변화의 심각성에 대한 인식을 높이고 그에 관한 토론과 기후행동 등 사회적 대화를 이끌어내는 계기가 되었습니다. 특히 젊은 세대가 기후변화 문제에 관심을 가지고 참여하기 시작했지요. 우리는 그녀가 원하는 것처럼 그레타 툰베리라는 '위대한 메신저'보다 그녀가 전달하려는 '위대한 메시지'에 더 집중해야 합니다.

2장

기후위기,
왜 이렇게 됐을까?

CH₄ CH₄
CH₄ CH₄

화산 가스와 자동차 매연은 뭐가 다를까?

 기후의 자연 변동성

● 뜨거운 화산이 폭발하면 지구의 온도는 내려간다

기후변화의 원인을 보다 자세히 설명하기 앞서 본래 지구는 어떻게 기후를 조절해 왔는지, 그 자연 변동성에 대해 먼저 알아봅시다.

백두산 화산이 폭발하며 분출된 화산 가스와 자동차가 내뿜는 매연의 차이점은 무엇일까요? 백두산 화산에서 분출하는 화산 가스는 인간의 활동과 무관하게 자연적인 화산 분화 과정에서 분출되는 것이라서 인류가 인위적으로 배출하는 매연과는 구분됩니다.

그러나 두 가지 모두 대기 중으로 유입된 새로운 물질이라는 점은 같습니다. 흥미롭게도 화산 가스나 자동차 매연 모두 대기의 조성을 바꾸어 지구의 기후에 영향을 미치지요.

실제로 대기의 조성이 바뀌면 태양 복사에너지와 지구 복사에너지 사이의 균형 방식, 즉 복사에너지 수지를 통해 기후가 변화합니다. 지구의 오랜 역사를 살펴보면 인간 활동과 무관하게 복사에너지 수지가 달라지며 기후가 변했다는 사실을 알 수 있는 여러 과학적 증거들이 있습니다.

그 증거 중 하나를 살펴볼까요? 지구의 자연적인 기후 변동성이 실제로 존재한다는 사실은 주기적으로 찾아왔던 빙하기로 유추해 볼 수 있습니다. 빙하기에는 지구의 평균 온도가 낮아져서 남극과 북극은 물론 지구 전체적으로 빙하가 덮힌 영역이 크게 늘어났지요. 그린란드와 남극대륙도 지금보다 더 넓은 영역이 빙하로 뒤덮였던 것으로 알려져 있어요.

많은 과학자들은 적어도 네 차례의 큰 빙하기가 있었으리라 생각합니다. 빙하기 중에서도 상대적으로 더 추운 기간을 빙기, 비교적 따뜻한 기간을 간빙기라고 부르지요. 상당수 과학자들은 오늘날을 빙하기가 완전히 끝난 것이 아니고, 빙기와 빙기 사이인 간빙기 또는 최종 빙기가 종료되며 지구 평균 온도가 안정적으로 높게 유지되는 후빙기라고 봅니다. 후빙기는 약 1만 년 전부터 현재까지의 기간을 일컫습니다.

빙하기가 찾아오고, 빙기와 간빙기로 불리는 시기를 거치는 등 자연적인 기후 변동성이 나타나는 원인은 화산 활동부터 해양 순환에 이르기까지 다양합니다. 특히 대규모 화산 폭발과 같이 대기 조성을 변화시키는 사건이 대표적인 원인으로 꼽히지요.

백두산과 같이 폭발력이 큰 거대한 화산이 폭발하면 많은 양의 화산

가스와 화산재가 분출됩니다. 이
때 이산화황(SO_2) 성분을 포함하
는 에어로졸● 일부가 높은 공중
에 도달하여 오랜 기간 머물면 지
구냉각화가 일어나지요.

에어로졸(aerosol)
지구의 대기를 떠도는 미세한 고체 혹은
액체 입자. 자연적으로 만들어질 수도 있
고 인공적인 요인에 의해 형성되기도 한
다. 미세먼지도 에어로졸에 속한다.

에어로졸이 지구냉각화를 일으키는 이유를 이해하기 위해선 태양
복사에너지와 지구 복사에너지의 특성을 좀더 자세히 알 필요가 있습
니다. 태양 복사에너지는 그 파장이 짧아 단파 복사에너지에 해당합
니다. 반대로 지구 복사에너지는 그 파장이 길어 장파 복사에너지에
해당하지요.

그런데 이산화황과 같이 미세한 입자로 된 에어로졸은 단파인 태양
복사에너지를 효과적으로 차단합니다. 즉, 공중의 에어로졸 농도가
높아지면 지구로 유입하는 태양 복사에너지가 차단되어 지구의 평균
온도가 낮아지는 것이지요. 실제로 1815년 4월 인도네시아의 탐보라
화산이 폭발하면서 이산화황 등의 각종 화학 물질이 대량으로 분출됐
고, 화산 가스가 높은 공기층에 도달해 한동안 지구의 평균 온도를 꽤
낮춘 것으로 알려져 있습니다.

● 태양 활동이 활발해지고 지구와 태양이 가까워지면

지구의 기후를 변화시키는 자연적인 요인에는 화산 가스 분출로 인
한 대기 조성의 변화만 있는 것이 아닙니다. 태양 활동과 지구의 공전

궤도가 변화해도 지구의 기후는 달라질 수 있지요. 이를 세르비아의 과학자 이름을 따서 '밀란코비치 이론'이라고 합니다.

역사적인 자료를 살펴보면 태양 활동이 활발해질 경우 지구의 평균 온도가 높아지고, 태양 활동이 저하될 경우 지구의 평균 온도가 낮아졌음을 알 수 있습니다.

태양의 활동 정도는 흑점의 개수를 통해 알 수 있는데, 흑점이란 태양 내에서 주변보다 온도가 낮고 강한 자기 활동을 보이는 영역을 가리킵니다. 이 흑점의 수가 지구 평균 온도와 연관되어 있다는 연구 결과가 알려져 있지요.

소빙하기에 속하는 17세기 중반부터 17세기 후반에는 태양의 흑점 수가 50개 정도에 불과했습니다. 이는 흔히 관측되는 4~5만 개의 흑점 수에 비해 월등히 적지요. 태양 활동이 잠잠해져 지구로 유입하는 태양 복사에너지가 감소하면서 지구 평균 온도가 낮아진 것으로 해석됩니다.

지구의 평균 온도는 지구와 태양까지의 거리에 따라서도 달라집니다. 태양 주변을 도는 지구의 공전 궤도는 타원형으로, 태양의 위치는 이 타원의 초점 2개 중 한 곳에 해당합니다. 초점 2개의 위치는 항상 고정되어 있는 것이 아니므로 지구와 태양 사이의 거리는 끊임없이 변화합니다.

태양 주변을 회전하는 지구의 공전 궤도가 원에서부터 얼마나 찌그러져 있는지 그 정도를 나타내는 이심률도 약 10만~41만 년을 주기로 변화하지요. 이때 지구와 태양이 서로 가까워지면 지구로 유입하는 태양 복사에너지가 증가하고, 멀어지면 감소합니다.

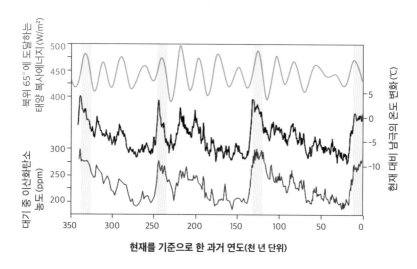

지난 35만 년 동안의 태양 복사에너지 양과 남극 온도, 대기 중 이산화탄소 농도의 변화를 나타낸 그래프. 음영 표시된 부분에서 알 수 있듯 태양 복사에너지 양은 2만 3,000년을 주기로 크게 달라졌고, 남극의 온도와 대기 중 이산화탄소 농도 역시 큰 폭으로 변동하며 인간의 활동과는 무관하게 기후의 자연 변동성이 나타났음을 알 수 있다.[3]

또한 지구 자전축의 경사각도 항상 23°로 일정한 것이 아니라 22.1°에서 24.5°까지 약 4만 년 주기로 변화하며, 지구 자전축도 약 2만 6,000년 주기로 빙글빙글 돌아갑니다. 이와 같은 변화가 지구로 유입하는 태양 복사에너지 양에 차이를 만들어내 지구의 평균 온도에 영향을 끼치는 것입니다.

소빙하기에는 어떤 일이 일어났을까?

대략 13세기 초부터 17세기 말까지 약 500년 동안은 전 지구적으로 독특한 기후가 나타났습니다. 지구 전체의 기온이 떨어진 이 시기를 소빙하기라고 부릅니다. 이와 관련된 현상은 세계 각지의 역사 기록에서 살펴볼 수 있지요.

칭기즈칸이 몽골을 하나로 통합시켰던 시기 역시 소빙하기로, 초원이 줄어들며 경쟁이 더 치열해진 때였습니다. 유럽에는 기근과 전염병이 들이닥쳤습니다. 홍수와 가뭄으로 농작물 생산량이 줄어들면서 충분한 영양을 섭취하지 못한 유럽인들은 면역 체계가 약해져 쉽게 병에 걸렸지요. 기근이 급증하자 농촌을 떠난 농민들이 도시로 유입되며 전염병이 퍼지기도 했어요.

1347년에는 흑사병으로 유럽 인구 3분의 1 이상이 사망했고, 그 후로도 400년 동안 흑사병 유행이 되풀이되었습니다. 특히 인구가 많은 도시가 가장 심한 타격을 입었는데, 파리와 런던 같은 대도시의 인구는 한때 절반으로 줄어들 정도였습니다. 민심이 흉흉해지고 마녀사냥이 들끓었던 것도 이 시기의 일이지요.

한반도에서도 조선 현종 11년(1670년)과 12년(1671년)에 걸쳐 대기근이 발생했습니다. 1670년을 경술년, 1671년을 신해년이라고 하는데 두 해에 걸쳐 발생한 대규모 기근이라고 하여 경신 대기근이라고 합니다. 이 시기에는 흉작과 병충해로 인해 곡물 생산량이 급격히 감소하고 전염병이 유행하며 많은 사람들이 굶어 죽거나 병들어 죽어 국가적 위기를 겪었어요. 전쟁이 일어난 것도 아닌데 당시 조선 인구 1,200~1,400만 명 중에서 무려 100만 명의 사상자가 발생했다고 합니다. 당시의 참혹한 상황은 『조선왕조실록』에 "차라리 임진왜란 때가 더 나았다"는 기록이 남아 있을 정도였다는 점에서도 잘 알 수 있어요.

왜 이 시기에 지구의 평균 온도가 낮아졌을까요? 이에 관해서는 여러 설이 제기되고 있지만 아직 결론이 나지 않았습니다. 1460~1550년과 1645~1715년에 태양 활동이 활발하지 않았던 것과 14세기 후반에 비정상적으로 따뜻해진 대서양이 15세기 초반에 급격히 차가워진 것, 16세기 이후 화산이 자주 폭발한 것 등이 원인으로 꼽히고 있습니다.

● 자연 변동성의 범위를 벗어난 기후변화

밀란코비치 이론에는 몇몇 문제점이 있지만, 이 이론으로 지구의 오랜 역사 동안 일어났던 빙하기와 간빙기 등 자연적인 기후 변동성을 상당 부분 설명할 수 있습니다.

그러나 지구의 평균 온도가 최근 들어 급격히 상승하고 있는 현상은 밀란코비치 이론으로 설명할 수 없습니다. 지난 100여 년의 기간 동안 태양의 흑점은 약 11년 주기로 수가 늘거나 줄었는데, 이 주기와 지구 평균 온도 사이의 직접적인 상관관계를 찾기 어렵기 때문입니다. 다시 말해, 흑점 수로 알 수 있는 태양 활동만으로는 오늘날의 급격한 지구 평균 온도의 상승을 설명할 수 없습니다.

오늘날 과학자들은 1905~2005년 사이에 일어난 지구 평균 온도 상승 중 단 10% 정도만을 태양 활동의 영향이라고 여기고 있으며, 2005년 이후 10여 년 동안의 온도 상승은 태양 활동에 의한 것이 아니라고 봅니다.

이처럼 기후의 자연 변동성만으로는 지난 100년의 비교적 짧은 기간 동안 급격하게 변화한 기후를 설명할 수 없습니다. 자연적인 기후 변동성은 오늘날의 기후변화와 같이 단기간에 빠른 속도로 발생했던 것이 아니라, 오랜 시간에 걸쳐 서서히 나타났기 때문입니다.

인간 활동의 영향을 고려하지 않고는 과거에 비해 20배 이상 빨리 지구의 평균 온도가 변화하는 현재의 상황을 설명할 수 없다는 점이 수많은 과학자들의 공통된 결론입니다. 즉, 지금 우리가 겪고 있는 기후변화는 기후의 자연 변동성 범위를 크게 벗어난다는 뜻입니다.

2

범인은 지구 안에 있다!

🌡 온실가스, 수증기 효과

● 급등한 대기 중 이산화탄소 농도

태양 활동이나 밀란코비치 이론 등의 자연적 요인만으로는 지난 100년간 지구의 평균 온도가 급증한 현상을 설명할 수 없습니다. 산업화 이후 인류가 배출한 온실가스●가 대기의 조성을 바꾸어 복사에너지 수지가 변하여 지구의 기후에 영향을 끼친 것이 아니라면 설명되지 않을 만큼 급격한 변화인 것이지요.

이산화탄소는 전체 온실 효과의 76%를 차지할 만큼 그 비중이 큽니다. 수증기를 제외한다면 메탄(메테인), 이산화질소 등 다른 온실가스에 비해 이산화탄소의 농도가 훨씬 높지요. 이처럼 대표적 온실가스인 이산화탄소는 화석 연료를 연소하거나 산림이 파괴되는 등의 과

온실가스

온실기체라고도 하며, 적외선을 흡수했다가 방출하는 특성으로 인해 온실 효과를 일으키는 가스를 통틀어 이른다. 이산화탄소, 메탄 등의 가스가 대표적이다.

ppm

parts per million, 즉 100만 중에 얼마가 포함되어 있는지를 나타내는 단위로 백분위(%)의 1만 분의 1에 해당한다.

정에서 배출됩니다. 한번 배출되면 짧게는 5년, 길게는 200년 정도 대기 중에 머뭅니다. 그러므로 인류가 탄소 배출량을 빠르게 줄이지 않는 한, 그동안 누적된 탄소 배출량에 새로운 이산화탄소가 더해지면서 대기 중 이산화탄소 농도는 더욱 높아질 것입니다.

관측 결과를 살펴보면 대기 중 이산화탄소 농도가 지난 수십년 동안 급증했음을 뚜렷하게 확인할 수 있습니다. 건조한 맑은 하늘의 대기는 질소(78%)와 산소(21%)가 대부분을 차지하고, 이산화탄소의 농도는 고작 0.0420%(420ppm●)에 불과합니다. 적은 수치라고 생각할 수 있지만 그 심각성은 엄청나지요. 420ppm이란 농도는 하와이 마우나로아 관측소에서 측정을 시작한 1958년 이후 지금까지 단 한 번도 상승 추세가 꺾인 적 없이 계속 증가한 수치입니다.

대기 중 이산화탄소 농도를 직접 측정하기 이전의 수치는 빙하 시추 자료로 파악할 수 있습니다. 과학자들이 빙하를 시추하여 지난 수십만 년간의 이산화탄소 농도 변화를 조사한 결과, 오늘날처럼 높은 수준으로 오른 경우는 없었음을 밝혀냈습니다. 수십만 년 동안 150~300ppm 수준에서 자연적인 변동을 겪었던 이산화탄소 농도가 산업화 이후로 누적 탄소 배출량이 갑자기 증가하며 수십 년 만에 무려 420ppm까지 급증한 것이지요.

지구온난화를 완화하려면 대기 중 이산화탄소 농도가 더 이상 오

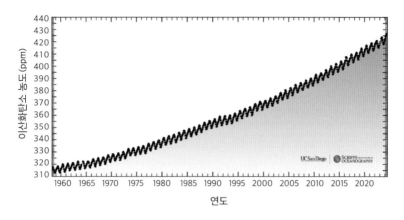

하와이 마우나로아 관측소에서 측정한 대기 중 이산화탄소 농도의 변화 그래프. 계절에 따라 오르내리긴 하지만, 측정을 시작한 이래 지속직으로 증가하는 상승 추세는 지금껏 바뀐 적이 없다. 1950년 후반에는 320ppm에 미치지 못했으나 2024년 5월 14일에는 426.89ppm을 기록했다.[4]

르지 않도록 탄소 배출량을 빠르게 감축해야 합니다. 이를 통해 탄소 중립, 즉 탄소 배출량과 탄소 흡수량이 같아져 순 배출량이 제로(0)가 되는 넷제로(net-zero) 상태에 도달해야만 하지요.

● 온실효과 강화가 가져온 지구온난화

투명한 비닐이나 유리로 덮여 있는 온실 속은 온실 바깥에 비해 온도가 높습니다. 태양 복사에너지는 받아들이되 열에너지는 밖으로 내보내지 않는 온실의 특징 때문이지요. 지구를 덮고 있는 대기 중 이산화탄소, 오존(O_3), 메탄 등의 온실가스가 온실의 비닐이나 유리와 같은 역할을 하여 지표면 온도를 높이는 효과를 온실효과라고 부릅니다.

그렇다면 대기 중 온실가스의 농도 증가가 어떻게 인위적인 기후변화를 가져온 것일까요? 우리는 1장에서 태양 복사에너지와 지구 복사에너지 사이의 균형 방식, 즉 복사에너지 수지를 통해 지구의 온도가 오랜 기간 거의 일정하게 유지되었음을 알아보았습니다. 지구온난화가 강화된 것은 온실가스에 의해 이 균형이 무너졌기 때문입니다.

인류는 최근 20년 동안 평균적으로 매년 약 400억 톤의 탄소를 배출했습니다. 육상 생태계와 해양 생태계가 각각 100억 톤 이상을 흡수해 주었으나 나머지는 자연에 흡수되지 않고 축적되어 대기 중 이산화탄소 농도를 높였지요.

앞서 에어로졸은 단파인 태양 복사에너지를 효과적으로 차단해 지구냉각화에 기여한다고 설명했는데, 이산화탄소 등의 온실가스는 파장이 긴 장파, 즉 지구 복사에너지를 차단하는 특징을 가집니다. 대기 중 온실가스의 양이 많아질수록 지구 복사에너지가 우주로 방출되지 못하고 지표면으로 되돌아와 지구에 축적되어 지구온난화가 발생하는 것이지요. 지표면으로 되돌아오는 지구 복사에너지 양은 과거에 비해 계속 증가하고 있습니다. 때문에 지구의 평균 온도는 산업화 이전의 14℃보다 약 1℃ 높은 15℃ 수준으로 올랐지요.

물론 인간 활동에 의해 탄소가 대기 중에 누적되기 이전에도 온실가스에 의한 온실효과는 존재했습니다. 만약 지구의 대기 중에 온실가스가 전혀 없었다면 인류는 살 수 없었을 것입니다. 복사에너지 양이 온도의 4제곱에 비례한다는 '스테판-볼츠만 법칙'을 이용하여 계산해

보면, 온실가스가 전혀 없는 경우 지구의 평균 온도는 현재의 15℃보다 무려 33℃ 낮은 영하 18℃가 됩니다. 또한 고도 12~50km 상공에 위치한 성층권의 기온은 지금보다 훨씬 높아지지요. 즉, 적절한 온실가스 덕분에 인류가 살기에 적합한 기후를 유지한 것입니다. 문제는 온실가스의 양이 과거에 비해 급격히 늘어났다는 사실입니다.

알아봅시다

온실가스에는 무엇이 있을까?

1997년 일본 교토에서 개최된 제3차 기후변화협약 당사국총회에서는 '교토의정서'를 채택했습니다. 교토의정서에서는 6대 온실가스를 이산화탄소, 메탄(CH_4), 아산화질소(N_2O), 수소불화탄소(HFCs), 과불화탄소(PFCs), 육불화황(SF_6)으로 정의하고 있지요. 2015년 프랑스 파리에서 개최된 제21차 기후변화협약 당사국총회, 속칭 파리기후변화협약이라고 불리는 회의에서 참가국들은 온실가스 배출량을 감축하기로 합의했으며, 2021년 영국 글래스고에서 개최된 제26차 기후변화협약 당사국총회인 글래스고기후협약에서는 온실가스를 감축하기 위한 세부 이행 규칙을 완성했습니다.

6대 온실가스 중에서도 이산화탄소는 화석 연료를 소비할 때 배출되는 대표적 온실가스로 전체 온실효과의 65% 이상을 차지하는 가장 중요한 온실가스입니다. 다른 온실가스의 온실효과를 이산화탄소로 환산하는 이유도 이산화탄소의 농도가 가장 높고 그 영향이 가장 크기 때문이지요. 이산화탄소는 화석 연료 외에도 인간과 동식물의 호흡 과정, 유기물 분해, 화산 활동 등으로 대기 중에 배출되며, 배출량의 절반 이상은 광합성 등을 통해 육상과 해양에 흡수됩니다. 하지만 나머지 40%는 100년이 넘도록 대기 중에 남아 대기 중 온실가스 농도에 영향을 끼칩니다. 지구 대기 중 이산화탄소 농도는 2024년 현재 약 427ppm에 도달했는데, 이것은 산업혁명 이전의 수치인 280ppm에 비해 150ppm 가까이 증가한 것이지요.

이산화탄소 다음으로 중요한 온실가스로는 메탄이 있습니다. 메탄은 대기 중에 1900ppb● 수준으로 존재합니다. 그 양은 아주 적지만 이산화탄소에 비해 온실효과가 20배 이상 강력하여 전체 온실효과의 17% 정도를 차지하지요. 메탄 역시 다양한 인위적, 자연적 요인으로 대기 중에 배출 및 흡수되는데, 다른 온실가스에 비해 대기에 머무는 시간이 12년 정도로 짧습니다. 따라서 메탄의 배출량을 줄이면 가장 빠르게 온실가스 저감 효과를 볼 수 있습니다.

● 무시할 수 없는 수증기 효과

지구의 자연적인 기후 변동성에 비해 훨씬 빠른 속도로 지구 평균 온도를 상승하게 만든 직접적인 원인은 산업화 이후 인류가 배출한 탄소입니다. 하지만 과거에 비해 지표면 부근에 더 많은 열이 축적된 과정을 탄소만으로 설명하기는 어렵지요. 수증기 효과까지 고려해야만 지표면 부근 대기의 기

ppb

parts per billion, 즉 10억 중에 얼마가 포함되어 있는지를 나타내는 단위로 백분위의 1천만 분의 1에 해당하며, ppm의 1,000분의 1에 해당한다.

온이 상승하는 현상을 제대로 설명할 수 있기 때문입니다.

온실효과에 끼치는 영향력만 고려하면 수증기의 영향력이 이산화탄소보다 몇 배나 더 큽니다. 기온이 1℃ 상승하면 수증기량은 약 7% 증가하는데, 대기 중 수증기량이 많아지면 온실효과가 더욱 강화되어 지구의 평균 온도를 다시 상승시키지요. 이처럼 수증기는 온실효과를 설명할 때 중요하게 고려할 요인입니다. 그런데 왜 온실효과의 주범으로 수증기가 아닌 이산화탄소를 꼽는 것일까요?

수증기는 이산화탄소와 달리 대기 중에 오래 잔류하지 않습니다. 수증기가 대기에 머무는 기간은 10일 정도로, 그 기간이 지나면 비나 눈이 되어 지표면에 내리지요. 또한 반도체 제조 공장에서 발생하는 수증기 등 인위적 배출원에 의해 대기로 유입되는 수증기량은 자연적으로 발생하는 수증기량에 비해 훨씬 적습니다. 때문에 인간의 활동에 직접적으로 영향을 받는다고 보기 어렵습니다.

한편 대기 중 수증기량이 증가한다고 해서 지구의 평균 온도를 상승시키기만 하는 것도 아닙니다. 수증기량이 증가하면 구름도 증가하는데, 이때 구름은 태양 복사에너지를 차단하기도 하지요. 이러한 이유로 고도 10km 이하의 대류권에 존재하는 수증기는 복사에너지 수지를 바꾼다고 보지 않습니다. 즉, 수증기에 의한 온실효과를 설명할 때 중요한 것은 수증기 배출량이 아니라 수증기 효과로 나타나는 기온 상승이지요. 따라서 온실효과의 주범으로 수증기가 아닌 이산화탄소를 꼽는 것입니다.

온실가스와 수증기의 온실 효과를 종합적으로 정리해 봅시다. 산업화 이후 이산화탄소 등의 온실가스는 온실효과를 강화하여 지표면 온도를 높였습니다. 지구 복사에너지 양 증가로 대류권 기온이 상승하면 수증기량이 증가하기 때문에 온실효과는 더욱 강화되지요. 하지만 수증기량이 증가한다고 해서 무조건 지구온난화를 발생시키는 방향으로만 작용하는 것은 아니기 때문에 종합적인 복사에너지 수지의 변화는 간단하게 결정되지 않습니다.

알아봅시다

지구의 대기는 어떻게 나눌 수 있을까?

지구의 대기는 지표면에서부터 고도가 높아질수록 대류권, 성층권, 중간권, 열권으로 나뉩니다. 이때 각 권역에서 고도에 따른 기온 증감이 달라집니다.

흔히 높은 산에 오르면 기온이 낮아지는 것을 경험할 수 있습니다. 높이 오를수록 태양에 가까워지니까 기온이 오를 것 같지만, 실제로는 내려가지요. 왜 그럴까요? 그 이유는 지표면에서부터 멀어지기 때문입니다.

대류권은 태양으로부터 충분히 멀리 떨어져 있어 지표면에 가깝거나 멀거나 간에 태양 복사에너지 양의 차이는 크지 않지만, 고도가 높아질수록 지표면에서 멀어지면서 지구 복사에너지 양은 크게 줄어들어 기온이 낮아집니다. 고도에 따라 기온이 낮아지는 정도(기온감률)는 구름의 생성 여부에 따라서도 달라지는데, 구름이 없는 맑은 하늘에서는 고도가 1km 오를 때마다 약 10℃씩(건조단열감률), 수증기가 포화된 구름이 낀 경우에는 약 5℃씩(습윤단열감률) 감소하지요.

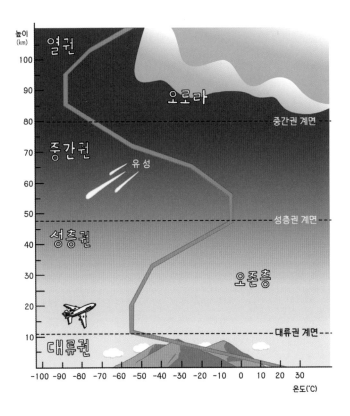

대류권의 높이는 위도마다 다릅니다. 고위도 지역에서는 고도 8km 정도까지, 중위도 지역에서는 고도 12km 정도까지, 저위도 지역에서는 고도 20km까지 대류권이 존재합니다.

대류권을 벗어나 성층권에 진입하면 대류권과 달리 고도가 높아질수록 기온도 증가합니다. 지구 전체 공기의 90%가 모여 있고, 대류 활동이 활발한 대류권과 대조적으로 공기의 10% 정도가 모여 있는 성층권에는 오존이 존재하여 태양 복사에너지를 흡수해 주기 때문입니다. 이 오존층은 지구상의 생명체에 치명적인 영향을 미치는 단파장의 자외선을 거의 차단해 주기 때문에 '생명 보호막'이라고 불리는데, 오존 화학 반응으로 기온이 높아지는 특성이 있습니다.

성층권을 벗어나 더 높이 올라가면 차례대로 중간권과 열권이 있습니다. 중간권에서는 고도가 높아질수록 그 아래의 성층권과는 멀어지며 기온이 낮아지고, 지표면으로부터 충분히 떨어진 열권에서는 고도가 높아질수록 태양에 가까워져 기온이 높아집니다.

3

지구온난화? 지구냉각화?

🌡 미세먼지, 탄소 순환

● 지구냉각화에 기여하는 미세먼지

지구 평균 온도를 상승시킨 원인은 산업화 이후 인간이 배출한 온실가스입니다. 하지만 인간이 인위적으로 배출한 물질에는 이산화탄소와 같은 온실가스만 있는 것이 아닙니다. 우리는 흔히 '미세먼지'라고 불리는 각종 유해 화학 물질도 배출하지요.

미세먼지는 대기오염의 원인으로 잘 알려져 있기도 합니다. 이때 미세먼지와 같은 에어로졸 물질은 복사에너지 수지에서 무시할 수 없는 역할을 하며 지구의 기후에 영향을 줍니다.

앞에서 화산재의 이산화황 성분과 같은 에어로졸이 지구로 유입하는 태양 복사에너지를 차단한다고 설명했지요. 마찬가지로 인간 활동으로 배출된 에어로졸 역시 입자 크기가 작아 태양 복사에너지를 효과적으로 차단함으로써 지구 평균 온도를 낮춥니다. 물론 '검은 에어로졸'과 같이 태양 복사에너지 흡수를 통해 지구온난화를 강화시키는 에어로졸도 있습니다. 그러나 대부분의 에어로졸은 지구냉각화를 일으켜 지구온난화를 완화하지요.

그외에도 에어로졸은 구름 형성에 관여하여 간접적으로도 지구 평균 온도를 낮춥니다. 만약 산업화 이후 에어로졸 농도는 증가하지 않고 온실가스 농도만 증가했다면 지구온난화의 수준은 돌이킬 수 없을 정도로 심각해졌을 것입니다.

에어로졸에는 다양한 종류가 있습니다. 황사로 불리는 사막의 모래 먼지부터 산불이나 화산 분화 과정에서 분출되는 가스, 해양의 염분 성분처럼 자연적으로 만들어지는 종류도 있고요. 화석 연료와 바이오매스●의 연소 과정에서 인위적으로 발생하는 황 화합물, 유기 화합물, 검댕 등도 있습니다. 특히 대기오염 물질로 우리에게 잘 알려진 아황산가스, 질소 화합물, 납, 오존, 일산화탄소 등은 자동차 배기가스나 공장 그리고 음식 조리 과정 등에서 발생하지요.

이산화탄소 등의 온실가스는 한번 배출되면 대기에 머무는 시간이 길어 복사에너지 수지에 오랫동안 영향을 미치지만, 에어로졸은 대기에 머무는 시간이 짧습니다. 바람이 약할 때 발원 지역 부근에서만 고농도로 나타날 뿐 바람이 강하게 불거나 비가 내리면 대부분 금방 사라지지요. 그러나 지구 전체적으로는 그 효과를 무시할 수 없을

바이오매스(biomass)
생태계가 순환하는 과정에서 나오는 모든 유기체를 원료로 사용하는 것.

정도로 중요하기 때문에 온실가스와 함께 에어로졸 역시 잘 감시하고 평가할 필요가 있습니다.

그렇다면 지구온난화가 날로 심각해지는 오늘날, 온실가스와 반대로 지구냉각화에 기여하는 에어로졸 농도가 증가하는 것이 긍정적이라고 할 수 있을까요?

기후만 고려한다면 온실 효과를 완화하니 긍정적이라 할 수도 있지만, 인체에 유해한 대기오염 물질이 증가하는 것이 마냥 좋은 일은 아닐 것입니다. 미세먼지로 인한 동아시아의 대기오염은 사회적 문제이기도 하지요. 대기오염은 가시거리가 짧아지는 정도로 끝나는 문제가 아니라 피부, 눈, 호흡기, 심혈관 등 인체에도 유해합니다.

미세먼지 농도를 낮추기 위해서는 당연히 대기를 오염시키는 에어로졸 물질의 배출량을 줄여야 할 것입니다. 그러나 에어로졸 배출량만 줄이고 정작 온실가스 배출을 줄이는 것에는 소홀하면 지구온난화가 더 악화될 수도 있겠지요? 지구온난화도 완화하고 대기오염 문제도 해결하려면 온실가스와 에어로졸 배출을 동시에 줄여야 합니다.

● 대류권과 성층권의 상반된 변화

앞서 설명한 복사에너지 수지 및 지구 평균 온도의 변화는 모두 지표면과 해표면에 해당하는 이야기입니다. 그렇다면 과연 모든 대기층의 기온 역시 높아졌을까요?

온실효과가 강화되며 지표면 평균 온도와 함께 대류권의 기온도 함께 상승하고 있습니다. 지표면에서 대류권으로 방출되는 지구 복사에너지가 온실가스로 인해 지표면으로 다시 돌아오는 것도 대류권 내에서 벌어지는 일이지요. 앞에서 살펴본 수증기 효과로 인한 온난화도 대류권에서 발생하는 현상입니다. 즉, 대류권으로 들어오는 복사에너지가 대류권 바깥으로 나가는 복사에너지에 비해 더 크므로 대류권의 기온은 상승할 수밖에 없는 것이지요.

대류권보다 높은 곳에 있는 성층권의 기온은 어떻게 변화하고 있을까요? 성층권에서는 오존이 태양 복사에너지를 흡수하여 열을 내뿜기 때문에 고도가 높아질수록 기온이 감소하는 대류권과 달리 고도가 높아질수록 기온도 높아집니다. 자외선에 의해 자연적으로 만들어지는 성층권의 오존은 흔히 인간의 활동에 의해 배출되어 지표면에 생성되는 '나쁜 오존'과 구분하기 위해 '좋은 오존'이라고 부르지요.

고층의 대기를 관측하는 풍선과 로켓, 인공위성 등을 통해 확인한 결과, 대류권의 기온이 상승하고 있는 것과 달리 성층권의 기온은 꾸준히 낮아지고 있습니다. 대류권의 이산화탄소 농도가 높아져 대부분의 지구 복사에너지를 흡수하기 때문에, 원래라면 대류권을 통과해 성층권에 도달해야 할 지구 복사에너지의 양이 줄어들었기 때문이지요. 대류권에서 들어오는 복사에너지는 점점 줄어드는데 중간권으로 계속 복사에너지를 내보내고 있으니, 성층권의 기온이 낮아질 수밖에 없는 겁니다.

비슷한 이유로 중간권과 열권의 기온도 낮아지고 있습니다. 온실효과와 수증기 효과가 강화되고 있는 대류권의 기온만 유독 높아진 것입니다.

과학자들이 발표한 최근 연구 결과는 지표면과 대류권은 온난화되고 반대로 성층권은 냉각화될 뿐 아니라 그 두께도 점점 얇아지고 있음을 알려줍니다. 대류권이 온난해지면서 팽창하여 점점 두꺼워지는 것과는 달리, 성층권은 한랭해지면서 수축하고 있습니다.

성층권의 냉각화와 수축 현상 역시 최근의 기후변화가 자연적인 기후 변동성을 넘어서 인간 활동에 따른 결과임을 보여주는 또 다른 증거라고 할 수 있습니다. 과거에는 성층권의 오존층이 파괴되며 그로 인해 자외선 흡수량이 감소한 것이 성층권 냉각의 원인으로 지목되기도 했습니다. 하지만 최근의 연구 결과는 오존층이 회복되었음에도 성층권 냉각이 계속되는 이유를 지속적인 온실가스 농도 증가에서 찾고 있지요.

기후변화로 인해 대류권은 점점 두꺼워지고 성층권이 얇아지는 현상은 오늘날 전 세계인이 사용하고 있는 라디오 무선 전파 방송과 위성 항법 장치(GPS), 인공위성의 궤적, 궤도, 수명에까지 영향을 미칩니다. 이처럼 대류권 바깥에서 '하늘이 무너지고 있는' 만큼, 앞으로 많은 후속 연구가 뒤따라야 합니다.

 알아봅시다

오존층 파괴 문제는 어떻게 해결됐을까?

성층권의 오존층은 자외선을 일부 차단해 주어 '생명 보호막'이라고 불릴 만큼 지구 생명체에게 중요합니다. 그런데 오존층의 오존 농도는 한때 크게 감소하여 인류를 심각하게 위협하기도 했습니다.

당시 오존층 파괴의 주범으로 지목된 것은 냉장고와 에어컨 냉매로 사용되었던, 일명 프레온가스라 불리는 염화불화탄소(CFCs)였습니다. 소화기에 사용되었던 할론(HCFCs)도 오존층을 파괴시켰지요. 이러한 화학 물질들은 주로 냉매, 소화제, 발포제, 스프레이 등 산업 활동 및 일상생활에서 사용되어 대기 중에 배출되었습니다.

염화불화탄소는 자연 상태의 대기에는 존재하지 않습니다. 오로지 인간의 활동에 의해서만 배출되지요. 인류가 배출한 염화불화탄소는 수십 년 동안 오존층을 점점 얇게 만들고, 특히 남극 오존층의 두께가 얇아지는 오존 홀 문제까지 일으켰습니다.

이러한 사실이 알려지자 국제사회는 오존층 파괴 물질의 배출량을 감축하기 위해 1987년 몬트리올의정서를 결의하고 오존 파괴 물질의 생산과 사용을 금지하거나 제한했습니다.

이런 국제적 노력 덕분에 오존층 파괴 물질의 배출량은 크게 줄어들어 오존층이 회복될 수 있었지요. 2000년대 초반까지도 오존 감소 영역이 상당했지만 2010년대 이후로 남극 오존 홀의 규모와 강도가 전체적으로 작아지고 약해진 것은 이 같은 노력에 힘입은 덕분입니다. 국제사회가 과학자들의 원인 분석에 따라 발빠르게 대처하여 성공적으로 환경 문제를 해결한 사례라고 할 수 있습니다.

● 경고등이 켜진 탄소 순환

산업화 이후 인류가 배출한 온실가스는 대류권과 성층권에만 영향을 미친 것이 아닙니다. 탄소 순환에도 영향을 미쳤죠.

온실가스 중 가장 높은 농도를 차지하는 이산화탄소는 대기 중에만 머무르는 것이 아니라 육상과 해양으로 흡수되기도 하고 다시 육상과 해양에서 대기로 배출되기도 합니다. 만일 인류가 배출한 이산화탄소를 지구의 자연 생태계에서 흡수해 주지 않았다면 오늘날 대기 중 이산화탄소 농도는 이미 더 이상 손쓸 수 없는 수준까지 증가했을 겁니다. 육상 생태계와 해양 생태계의 탄소 흡수력 덕분에 현재 이산화탄소 농도는 그나마 '조금' 오른 상태인 것이죠.

이와 같이 육상의 탄소가 대기로 배출되고 해양에 흡수되었다가 다시 대기로 배출되는 등 지구 시스템 내에서 서로 다른 권역 사이를 순환하는 것을 '전 지구적 탄소 순환'이라고 합니다.

육상 생태계 중 산림 생태계는 식물의 광합성을 통해 이산화탄소를 흡수하고 산소를 공급하기 때문에 대표적인 탄소 흡수원으로 꼽힙니다. 반면 토양은 탄소를 대기 중에 배출하는 탄소 배출원인데, 미생물이 토양 속의 유기물을 분해하는 과정에서 이산화탄소를 배출하기 때문이지요. 육상 생태계에서는 식물의 탄소 흡수량이 토양의 탄소 배출량보다 많습니다. 그래서 동물의 호흡 과정에서 배출되는 이산화탄소와 인류가 배출한 탄소의 상당 부분을 육상에서 흡수합니다.

해양 생태계 역시 상당히 많은 양의 탄소를 흡수해 줍니다. 해양 생태계는 '용해도 펌프(solubility pump)'와 '생물학적 펌프(biological pump)'로 불리는 두 가지 펌프를 통해 대기 중 탄소를 해양 내에 흡수합니다.

용해도 펌프는 바닷물의 수온이 낮을수록 잘 작동하기 때문에 고위도의 차가운 바닷물에 탄소가 더 많이 녹아 있습니다. 사이다는 시원해야 탄산이 유지되고, 미지근해지면 탄산이 빠져나가는 것과 같은 원리지요.

용해도 펌프를 통해 대기 중 탄소가 해양 내부로 흡수되면 고래 및 여러 해양 생물의 배설물이 탄소를 심해로 운반합니다. 이때 식물성 플랑크톤의 역할도 아주 중요한데, 식물성 플랑크톤은 광합성을 하는 과정에서 바닷물에 녹아 있는 탄소를 흡수하지요. 생물체에 동화된 탄소는 깊은 해저로 가라앉아 분해되며 심해에 저장됩니다. 이렇게 생물 활동에 의해 작동되는 펌프를 생물학적 펌프라고 부릅니다.

해양 생태계는 염습지●, 해조류, 산호 생태계, 맹그로브● 등을 통해 육지보다 훨씬 더 많은 탄소를 저장할 수 있습니다. 특히 육지의 숲에서 흡수한 탄소가 대부분 대기로 되돌아가는 것과 달리, 해양 생물이 흡수한 탄소는 심해로 내려가 수백 년 이상 격리될 수 있지요. 매년 약 2억 톤의 이산화탄소가 심해에 격리되는데, 이처럼 해양에 흡수되는 탄소를 블루카본(blue carbon)이라고 합니다.

문제는 인류가 산업화 이후 지나치게 많은 탄소를 배출함과 동시에 자연 생태계까지 심각하게 파괴한 결과 탄소 순환에 경고등이 켜졌다는 사실입니다.

염습지
밀물과 썰물에 따라 바닷물이 드나들어 소금기의 변화가 큰 축축하고 습한 땅.

맹그로브
아열대나 열대의 해변, 하구의 습지에서 자라는 관목이나 교목을 통틀어 이르는 말. 밀물과 썰물에 따라 물속에 잠기기도 하고 드러나기도 한다.

연안 블루카본

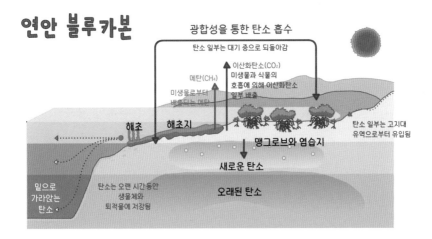

앞서 소개했던 호주 전역의 대규모 산불은 탄소 순환에 문제를 가져온 대표적인 사례입니다. 산림이 불타면서 배출된 탄소도 무시할 수 없는 규모였지만, 무엇보다 막대한 양의 탄소를 흡수해 주던 거대한 숲이 사라지며 오히려 탄소를 배출하는 배출원으로 바뀌었으니 대기 중 탄소 농도를 더더욱 높이는 꼴이 된 것이지요.

해양 생태계의 탄소 흡수력 또한 줄어들고 있습니다. 온실효과가 심각해짐에 따라 바닷물의 온도 역시 상승하고 있는데, 마치 미지근한 사이다에서 탄산이 빠져나가는 것처럼 해양의 용해도 펌프가 약화되는 것이지요. 탄소 순환에 경고등을 가져오는 또 하나의 원인입니다. 이처럼 자연의 탄소 흡수량이 줄어들면 그만큼 우리가 탄소중립을 위해 줄여야 할 탄소의 양은 더더욱 늘어납니다.

북반구 육지의 24%를 차지하는 영구동토가 온난화와 함께 빠르게 사라지고 있는 것도 큰 문제입니다. 영구동토 내부에는 대기 중 이산화탄소 총량의 거의 2배에 해당하는 어마어마한 양의 탄소가 묻혀 있습니다. 그 양을 환산하면 1,600페타톤(Pt)에 달하는데, 1페타톤은 1,000조 톤이므로 그 양이 정말 어마무시하지요.

앞으로도 현재와 같은 속도로 북극해 주변의 온난화가 진행된다면 영구동토가 완전히 녹아 그 안에 묻혀 있던 탄소가 대기로 배출될 수 있습니다. 엄청난 양의 탄소가 배출되면 그만큼 온실효과가 더더욱 강화될 테니 우려가 크지요.

쓰레기도 문제일까?

🌡️ 환경오염, 메탄가스

● 가축과 쓰레기에서 배출되는 가스

이산화탄소에 비해 양이 적고 전체 온실가스에서 차지하는 비중도 11%에 그치지만, 대기 중에 열을 가두는 온실효과 자체는 이산화탄소의 20배 이상인 무시무시한 가스가 있습니다. 바로 메탄이지요.

흔히 기후변화의 주범으로 지목되는 것은 이산화탄소지만, 최근에는 메탄가스의 위험성도 주목받고 있습니다. 미국 해양대기청(NOAA)에 따르면 2020~2021년 대기 중 메탄가스 농도는 산업화 이전에 비해 3배 높아진 1,900ppb를 기록했습니다. 그 증가폭도 사상 최대치였지요. 메탄가스 농도 역시 이산화탄소처럼 가파르게 상승하면서 지난 수십만 년 동안 볼 수 없었던 높은 농도까지 치달은 것입니다. 최근 유엔

에서 발표한 기후변화 평가 보고
서에서도 대기 중 메탄가스 감축
필요성이 강조되고 있지요.

전 세계 메탄가스 배출량의 약
60%는 농업, 가축 사육, 쓰레기 매립, 화석 연료 생산 등 인간 활동과
밀접하게 연관되어 있습니다. 특히 육류와 유제품 소비가 증가하며
가축에서 배출되는 메탄가스가 크게 늘어 전체 메탄가스 배출량의 상
당 부분을 차지하고 있지요.

보통 장에서만 메탄가스가 만들어지는 다른 동물들과 달리 소, 양,
염소처럼 위가 4~5개나 되는 반추동물●은 위에서도 다량의 메탄가
스가 발생합니다. 반추동물이 먹이를 되새김질할 때 위에 사는 미생
물이 먹이를 분해하는데, 그 발효 과정에서 메탄가스가 발생하기 때
문이지요. 소의 트림이나 방귀에 세금을 매기거나 육류 및 유제품을
대체하기 위한 식물 기반의 제품을 개발하는 것도 모두 메탄가스 배
출을 줄이기 위한 노력입니다.

그런데 메탄가스 배출을 육류 소비 탓으로만 돌릴 수는 없습니다.
인간이 버리는 쓰레기도 문제이지요. 쓰레기의 양은 크게 늘어나고
있는데, 음식, 나무, 종이와 같은 유기 폐기물은 부패 과정에서 메탄가
스를 배출합니다. 그래서 쓰레기 매립지는 석유와 가스 산업, 낙농업
에 이어 세 번째로 큰 메탄가스 배출원으로 꼽히지요.

인류는 오늘날 연간 5억 7천만 톤에 달하는 메탄을 대기 중으로 배
출합니다. 특히 전 세계 메탄 배출량의 20% 정도는 인간 활동이 집중
된 도시에서 배출되지요. 과학자들은 그 심각성을 알리기 위해 메탄가

스 배출원을 연구합니다. 예를 들면 캐나다 몬트리올 전역의 600개 이상의 다양한 배출원에서 배출되는 메탄가스 양을 측정하여 분석한 연구도 그중 하나입니다. 연구 결과, 쓰레기 매립지와 맨홀을 온실가스 관리 목록에 포함하지 않고는 탄소 감축 목표에 도달하기 어려울 만큼 도시에서 적지 않은 양의 메탄을 배출한다는 사실이 밝혀졌습니다.

최근 관련 연구 결과들이 공통적으로 알아낸 사실이 있습니다. 쓰레기 매립지의 규모와 쓰레기의 부패 속도 등을 토대로 보았을 때, 과거에 추정한 것보다 훨씬 더 많은 양의 메탄이 배출되고 있다는 사실이지요. 첨단 인공위성 측정 자료를 분석한 결과를 보면, 인도의 뭄바이와 델리, 파키스탄의 라호르, 아르헨티나의 부에노스아이레스 등

대도시 4곳에 위치한 쓰레기 매립지의 메탄가스 배출량이 과거 추정치의 2배 내외로 밝혀졌습니다. 특히 부에노스아이레스의 쓰레기 매립지는 연간 25만 톤의 메탄가스를 뿜어내는데, 그 양은 도시 전체 배출량의 절반이나 차지하는 것으로 알려졌습니다.

세계은행에 따르면 인구 증가와 함께 쓰레기도 늘어나 메탄 배출량은 2050년까지 70%나 급증할 것으로 전망됩니다. 쓰레기 처리 대책이 절실히 요구되는 상황이지요.

● 메탄가스 배출을 줄이려는 노력

반추동물 사유지와 쓰레기 매립지 등에서 배출되는 메탄가스는 이산화탄소에 비해 그 농도는 낮지만 온실효과가 매우 큰 만큼 반드시 배출량을 감축해야 합니다. 이에 메탄가스를 재생에너지로 전환하는 기술을 개발하거나 반추동물의 메탄가스 발생을 줄이기 위한 연구 등 여러 노력이 이루어지고 있습니다.

농업 방식을 개선해서 메탄 배출량을 감축하는 방법 중에는 가축의 소화 기능을 향상시키기 위해 사료를 개량하거나 축산 시설을 개선하는 노력 등이 대표적입니다. 한 연구팀은 반추동물의 위에 살며 메탄가스를 발생시키는 미생물의 활동을 억제시키는 백신을 개발했습니다. 또 다른 연구팀은 반추동물에게 생선 기름에 함유된 지방산이나 마늘이 섞인 사료를 먹이면 메탄 배출량이 감소한다는 사실을 발견하기도 했지요. 또 벼 농사와 쌀 생산 방식을 개선하여 메탄가스 발생을 줄일 수도 있습니다.

천연가스와 석유 시추 과정에서 메탄가스 누출을 줄이기 위한 노력도 진행 중이며, 석탄 광산에서 발생하는 메탄가스 누출을 제어하며 그 양을 최소화하려는 노력도 이루어지고 있습니다. 무엇보다 쓰레기를 처리할 때 메탄가스를 최소화하도록 적절한 폐기물 처리 기술을 개발하고, 쓰레기 매립지에서 메탄가스를 포집하여 활용하거나 제거하는 등의 기술을 개발하는 것도 중요하지요.

메탄가스 배출을 줄이려는 노력과 이를 위한 국제적인 협력은 물론, 정부, 기업, 개인의 참여와 연대는 앞으로도 기후변화에 대응하는 데 있어 중요한 고려 사항이 될 것입니다.

● 생태계 파괴로 인한 탄소 흡수력 약화

대기 중으로 배출되는 탄소의 양을 줄이는 것 못지않게, 어쩌면 그보다 더욱 중요한 것이 대기 중의 탄소를 흡수하는 능력, 즉 자연의 탄소 흡수력을 높이는 것일 겁니다.

앞에서 육상 생태계와 해양 생태계의 탄소 흡수력이 점점 떨어지고 있는 문제를 지적했지요. 이상기후로 인한 극심한 가뭄과 대규모 산불이 산림 생태계를 파괴하고, 온실효과에 따른 해양 온난화 등으로 용해도 펌프가 약화되고 있습니다. 그런데 인류는 온실가스를 배출하며 간접적으로만 생태계를 파괴하는 것이 아니라, 직접적으로 생태계를 파괴하며 자연 생태계의 탄소 흡수력을 더더욱 약화시키는 일이 비일비재합니다.

앞에서 다룬 쓰레기는 메탄가스를 배출할 뿐 아니라 생태계 파괴의 원인이 되기도 합니다. 쓰레기 매립지에서 잘 처리되어야 할 쓰레기가 대기와 토양, 수질을 오염시키거나 해양까지 오염시키기 때문입니다. 특히 육상에 비해 인간의 활동이 거의 없는 것으로 여겨지는 극지역과 심해를 포함한 해양 전역에서 쓰레기가 발견되면서 지구 전체적인 환경오염 수준이 심각함을 알 수 있습니다.

오늘날 해양은 엄청난 규모의 쓰레기로 몸살을 앓고 있습니다. 특히 잘 분해되지 않는 플라스틱 쓰레기 1억 5천만 톤이 해양으로 유입된 것으로 추정되지요. 이와 같은 속도로 플라스틱 쓰레기가 해양에 유입된다면 2040년에는 약 6억 5천만 톤이 해양을 오염시킬 것입니다.

플라스틱 쓰레기는 쉽게 쪼개지는데, 쪼개지더라도 바닷물에 잘 분해되지 않습니다. 결국 미세 플라스틱이 되어 해양 생태계를 파괴하지요. 플랑크톤 등의 해양 생물은 미세 플라스틱을 먹이로 착각하여 섭취합니다. 이는 먹이사슬을 통해 다른 해양 생물들, 나아가 인간에게까지 영향을 미치지요. 해양 생태계의 기본이 되는 플랑크톤의 생태계가 파괴된다면 생물학적 펌프에도 문제가 생길 수 있습니다.

또한 종종 발생하는 유조선 사고, 시추선 폭발로 인한 기름 유출은 사고 지역 일대의 해양 환경을 황폐화하고 해양 생태계의 붕괴를 가져오는 대표적인 해양 오염 사례입니다. 이렇게 해양 생태계가 붕괴하면 플랑크톤과 해조류 등의 광합성에도 문제가 발생하고 산소 공급기능이 약화되어 그만큼 탄소 흡수력을 유지하기 어려워집니다.

5

오늘부터 빚지는 거야

🌡 지구 생태 용량 초과의 날, 인류세

● 물·토양·공기…… 모두 소진하는 날

지구가 물, 토양, 공기 등 각종 생태 자원을 제공하는 능력에는 한계
가 있습니다. 그러나 오늘날 인류가 지구의 생태 자원을 소비하는 방
식은 전혀 지속 가능한 방식이 아니지요.

글로벌 생태 발자국 네트워크(Global Footprint Network)라는 비영
리 기관에서는 지구 생태 자원의 전체 용량과 인류의 생태 자원 소비
량을 분석하여 해마다 '지구 생태 용량 초과의 날'을 발표합니다. 이는
인류가 생태 자원을 사용하고 폐기물을 방출하는 규모가 지구의 생산
및 자정 능력을 초과하는 시점이 한 해 중 언제인지를 의미합니다. 이
날을 기점으로 지구가 제공한 그해의 생태 자원을 인류가 모두 소진

했다는 뜻이지요. 다시 말하면 기성세대가 미래 세대에게 생태적 빚을 지는 날을 가리킵니다.

지구 생태 용량 초과의 날을 계산할 때는 식량 생산, 수자원 이용, 산림 자원 소비, 온실가스 배출 등 여러 가지 요인이 동시에 고려됩니다. 이러한 요소들을 종합하여 계산한 결과, 1960년대에 인류는 지구가 생산하는 생태 자원의 4분의 3밖에 사용하지 않아 12월 31일까지 지구 생태 용량 초과의 날이 발생하지 않았지요.

그러나 1970년대부터 급속한 산업화와 함께 인류의 생태 자원 소비

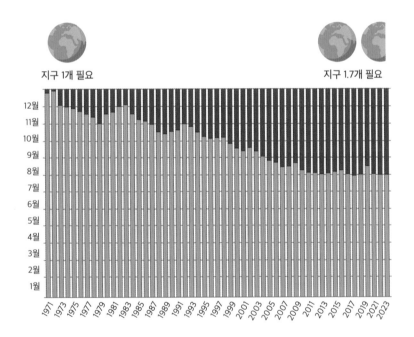

연도별 지구 생태 용량 초과의 날을 나타낸 그래프. 1970년대에는 12월에 해당했으나 이후 지속적으로 앞당겨져 2022년에는 7월 하순이 되었다.[5]

는 지구의 생산 능력을 초과하기 시작했습니다. 1970년대에는 12월이었던 지구 생태 용량 초과의 날은 점점 앞당겨졌지요.

2000년대 이후에는 지구 생태 용량 초과의 날이 8월이었고, 2010년대 후반부터는 7월 하순에 이르렀어요. 코로나19 팬데믹이 시작된 2020년에는 8월 22일로 잠시 늦춰지기도 했지만, 2021년 이후로는 다시 7월 말~8월 초로 앞당겨졌습니다. 2022년에는 7월 28일, 2023년에는 8월 2일이 지구 생태 용량 초과의 날로 발표됐지요. 현재와 같은 수준으로 80억 인류의 생태 자원 소비를 감당하려면 지구가 1.7개 있어야 한다는 뜻입니다. 만약 이 추세가 계속되면 2030년경에는 2개의 지구가 필요해질 것입니다.

지구 생태 용량 초과의 날은 국가별로도 산출됩니다. 우리나라는 2023년 4월 2일에 이미 2023년의 생태 자원을 모두 소진하고, 다른 국가 또는 미래 세대의 생태 자원을 착취했습니다. 즉, 전 세계 인류가 모두 우리나라 사람들처럼 생태 자원을 남용하면 지구가 4개나 필요하다는 결론에 이르지요. 지구는 하나밖에 없으므로 인류의 빚이 점점 커지는 이러한 방식으로는 지구에서의 삶이 지속 가능하지 않다는 점이 가장 큰 문제입니다.

지구 생태 용량 초과의 날은 환경 보호에 대한 경고로 받아들여집니다. 환경을 보호할 수 있는 방식으로 인류의 생태 자원 소비 방식을 바꾸어야 한다는 것이지요.

지구 생태 용량 초과의 날은 유엔에서 제시한 '지속 가능한 발전 목표(SDGs)'란 개념과도 깊은 연관을 가집니다. 지속 가능한 발전 목표란 인류의 현재 세대 및 미래 세대의 요구를 충족시키기 위한 것으로 자원 보존, 지구 환경 보호, 빈곤 퇴치, 불평등 해소 등을 포함하는 포괄적인 개념입니다. 유엔에서는 이를 위해 17가지 목표를 세우고 2030년까지 달성하기 위해 노력 중입니다. 기후변화 대응도 그 목표 중 하나이지요.

지구 생태 용량 초과의 날은 온실가스 배출과 생태 자원 소비의 관련성을 강조합니다. 지속 가능한 발전 목표에서도 환경 보호와 기후 변화 대응을 중요한 요소로 고려하지요. 즉, 지구 생태 용량 초과의 날을 늦추려는 노력은 기후변화에 대응하며 지속 가능한 방식으로 미래를 준비하려는 노력과 같은 맥락에서 이해될 수 있습니다.

● 새로운 지질 시대, 인류세가 등장한 이유

지구는 여러 지질 시대를 거쳐왔습니다. 오늘날 인류는 약 1만 년 전부터 신생대 제4기에 해당하는 홀로세(Holocene)라는 지질 시대를 살고 있지요.

그런데 인간에 의한 지구 환경 변화가 너무나 극심하여 그 특징에 근본적인 변화가 나타나고, 더 나아가 인류의 생존까지 우려하는 목소리가 높아졌습니다. 아예 오늘날을 새로운 지질 시대인 '인류세(Anthropocene)'라고 불러야 한다는 주장이 힘을 얻고 있습니다. 아직 기간이 짧아 정식으로 인정받지는 못했지만, 인류세만큼 인류의 생태 자원 낭비와 그로 인한 지구 환경 악화를 잘 표현하는 단어는 없을 것입니다.

인류세

신생대

중생대

고생대

선캄브리아대

1995년 노벨 화학상을 수상한 네덜란드 대기 화학자 파울 크루첸(Paul J. Crutzen)은 2000년에 열렸던 국제지권생물권계획(IGBP) 회의에서 인류세라는 용어를 공론화했습니다. 그는 18세기 후반에 시작된 산업혁명 등의 인간 활동이 기후는 물론, 대기와 수자원, 생태계, 지질학적 조성, 생물 다양성 등 거의 모든 면에서 자연적인 지구 시스템의 작동 범위를 압도할 만큼 영향을 미치고 있음을 지적했습니다. 따라서 인류세라는 개념을 도입해야 한다고 주장했지요.

크루첸은 그 근거로 빙하 시추공 자료를 들었습니다. 자료에 의하면 18세기 후반부터 대기 중의 이산화탄소와 메탄의 함량이 급증하기 시작했습니다.

그후로 인류세는 주로 인간 활동에 의해 발생하는 다양한 요소, 예를 들어 산업화, 도시화, 화석 연료 사용, 농업 확장, 산림 파괴, 대기 오염, 생물 다양성 감소 등을 다루는 데 사용되고 있습니다. 인류세는 산업화 이후 기술 발전과 인구 증가에 따른 자원의 폭발적 소비, 지구 환경 파괴로 이어진 근대 문명의 특징과도 관련이 있으며 기후변화, 생태계 파괴, 생물 종의 멸종 등 부정적인 결과를 초래하는 것으로 알려져 있지요.

인류세라는 개념은 인간 활동이 지구 시스템에 미치는 영향을 이해하고, 이를 완화하기 위해서는 관리가 중요함을 강조합니다. 나아가 인류가 지구 환경과 생태계, 그리고 스스로를 보호할 수 있도록 그 대응을 촉구하기 위해 사용됩니다.

기후변화도 인류세라는 큰 틀에서 이해할 필요가 있습니다. 인류는 현재 지구 시스템에 지속적이고 광범위한 영향을 미치고 있는데, 그 영향력이 너무 커서 자연적인 지구 시스템의 작동 범위를 압도하여 아예 지질 시대를 바꾸어버릴 정도인 것이지요. 지질학계에서 인정한 정식 지질 시대는 아니지만 많은 사람들이 오늘의 시대를 인류세로 부르는 이유는 인류의 영향이 그만큼 지구 시스템에 영구적인 흔적을 남기기 때문입니다. 한편 인류가 지구 시스템의 한계를 넘어서는 생태 자원 소비와 환경 파괴를 중단하고 조치를 취해야 한다고 경고하는 것이기도 하지요.

지구의 허파가 작아지고 있다

🌡 산림 생태계, 해양 생태계

● 거대한 숲이 사라진다면

지구 환경의 악화는 생물 다양성 감소와 함께 생태계 전반의 위기로도 이어지고 있습니다. 대표적인 사례로 산림 면적의 감소를 꼽을 수 있어요. 육상 동식물의 80%가 서식하는, 생물 다양성의 보고인 산림 면적이 어마어마한 속도로 사라지고 있지요. 매년 약 470만 헥타르의 면적이 사라지는 것으로 추산되는데 이것은 서울의 80배에 해당하는 면적입니다. 지난 30년 동안 사라진 산림 면적은 한반도 전체 면적의 8배인 1억 8천만 헥타르나 된다고 합니다.

이처럼 산림 면적이 감소하는 원인으로는 산림 벌목을 꼽을 수 있습니다. 상업적인 목적이나 농지 개간, 건설 등을 위해 숲의 나무를 베면서 산림 면적이 줄어든 것이죠. 여기에 불법적인 벌목까지 더해져 상황이 악화되고 있습니다.

직접적인 벌목 외에도 기후변화에 의한 거대한 사막화와 대규모 산불 발생도 산림 면적을 크게 감소시키고 있습니다. 1장에서 구체적인 사례를 통해 살펴보았듯 기후변화는 강수량에 변화를 불러왔지요. 기후변화로 강수량이 크게 줄어든 지역에서는 사막화가 진행되며, 식물의 생장과 생산력이 저하되어 산림이 사라지지요.

이처럼 바싹 마른 땅에 마른번개가 치면 산불이 발생하고, 강풍을 타고 크게 번지며 엄청난 규모의 산림을 태우기도 합니다. 아마존, 호주, 캘리포니아 등 세계 곳곳에서 산불의 빈도가 잦아지고 그 규모는 커지며 산림이 훼손되고 있어서, 이에 제대로 대처하지 못할 경우 산림 면적의 감소를 막기 어려운 상황입니다.

산림 면적이 계속 줄어들면 어떤 문제가 생길까요? 광합성을 통해 이산화탄소를 흡수하고 산소를 공급하는 산림이 사라질수록 자연의 탄소 흡수력이 감소하는 것은 너무나 당연한 결과입니다. 기후변화가 악순환하는 이유 중 하나지요.

산림이 사라지며 토양이 노출되면 유기물의 분해 속도가 증가하고 토양의 탄소 저장 능력이 감소하면서 탄소가 대기 중으로 빠져나옵니다. 대규모 산불로 나무를 비롯한 식물이 불타는 과정에서도 많은 양의 탄소가 배출됩니다. 즉, 산림이 줄어들면 전반적으로 대기 중 온실가스 농도를 높이는 방향으로 영향을 미쳐 기후변화의 속도는 더욱 빨라지지요.

뿐만 아니라 산림 파괴는 지구 생태계와 생물 다양성에도 부정적

산림녹화

황폐한 산에 나무를 심고 보호하며 사방
공사 따위를 하여 초목을 무성하게 하는
일 또는 그런 운동.

영향을 미칩니다. 많은 생물 종들
이 서식하고 있는 숲이 사라지면
서식지 파괴로 인해 생태계의 균
형이 깨지며 생물 다양성이 감소

하므로 그 문제를 더욱 심각하게 보는 것이지요.

오늘날 전 지구적 규모로 발생하고 있는 산림 파괴는 개별 국가나
개인적인 노력만으로는 해결이 어렵습니다. 유엔산림포럼 등 국제적
인 협력을 통해 국제사회에서 산림 보호를 위한 인식 확산과 대응에
노력을 기울이는 이유입니다. 제2차 세계대전 이후 산림녹화*에 성
공한 유일한 나라로 평가받는 우리나라도 산림을 회복한 경험을 바탕
으로 국제사회의 노력에 동참하면서 국내는 물론 개발도상국의 산림
복원을 지원하려 힘쓰고 있습니다.

● 지구의 허파인 바다조차 점점 헐떡이고

육상 생태계뿐 아니라 해양 생태계 역시 비슷한 문제를 경험하고
있습니다. 사실 인간을 비롯한 동물들의 호흡에 필요한 대기 중 산소
의 절반 이상은 해양에서 옵니다. 아마존 열대 우림보다 훨씬 더 많은
산소를 바다가 공급하고 있지요. 해양에는 인간의 눈에 잘 보이지 않
는 플랑크톤, 특히 광합성을 통해 탄소를 흡수하고 산소를 공급하는
식물성 플랑크톤이 대량으로 번성하고 있기 때문입니다. 해양을 지구
의 진정한 허파라고 부르는 이유이지요. 문제는 해양 생태계의 건강

이 악화하면서 해양의 탄소 흡수력에도 문제가 생겼다는 점입니다.

앞서 소개했듯, 해양 생태계가 대기 중의 탄소를 흡수할 수 있는 것은 용해도 펌프와 생물학적 펌프 덕분입니다. 이 두 가지 방법을 통해 대기 중의 탄소를 효과적으로 해양 심층에 저장하는 것이지요. 이처럼 중요한 탄소 흡수원인 해양에서 기후를 잘 조절하려면 해양 생태계의 건강이 유지되어야 합니다.

그러나 기후변화와 함께 오늘날 바닷물의 수온이 전반적으로 높아지는 해양 온난화로 인해 용해도 펌프에 문제가 생겨 탄소 흡수력이 감소하고 있습니다. 동시에 생물학적 펌프에도 문제가 발생했지요. 이미 흡수된 탄소가 점점 많아지면서 바닷물에 녹아 있는 탄소 농도가 높아지고, 이것이 바닷물의 산도를 강화하여 해양 산성화가 진행되고 있기 때문입니다. 반대로 바닷물에 녹아 있는 산소의 농도는 점점 감소하며 탈산소화도 이뤄지고 있어 해양 생태계 전반에 부정적 영향을 미치고 있습니다.

해양 온난화, 해양 산성화, 해양 탈산소화는 다양한 해양 생물에게 스트레스 요인으로 작용합니다. 이러한 스트레스에 잘 견디지 못하는 생물 종에게는 치명적이지요. 예를 들어 해양 산성화가 일어나면 바닷물의 산도가 강화되고 탄산 이온이 많아지는데, 이때 탄산은 갑각류나 어패류, 산호 등의 골격에 포함된 칼슘과 반응하여 탄산칼슘을 만들어냅니다. 이 과정에서 골격의 칼슘을 빼 가지요. 사람으로 치면 골다공증에 걸리는 셈입니다.

또 탈산소화와 함께 바닷물 중 산소 농도가 일시적으로 매우 낮은 상태로 유지되는 데드존(dead zone) 발생 빈도도 늘어나고 있습니다.

이는 수십만 마리의 해양 생물이 집단 폐사하는 원인이 되기도 하지요. 그 외에도 불법적인 어업과 남획 등으로 해양 생태계 파괴가 그치지 않고 있습니다.

이처럼 인위적 기후변화로 인한 간접적인 방식이든, 해양 오염을 통한 직접적인 방식이든 오늘날 인류는 해양 생태계를 심각하게 파괴하고 있습니다. 해양 생태계의 파괴는 다시 탄소 흡수력을 감소시키는 형태로 기후변화에 부정적인 영향을 미치며 인류의 생존을 위협하고 있지요. 오늘날 국제사회와 각국 정부, 민간 단체에서 해양 생태계 보호와 지속 가능한 방식의 해양 관리를 위해 목소리를 높이고 해양 보호 구역을 확대하기 위해 노력하는 이유입니다.

● 생물 다양성의 위기는 인류 생존의 위기

기후변화로 인해 생태계의 안정성과 기능이 떨어지고 동식물의 서식지가 파괴되면서 오늘날 생물 다양성은 매우 심각한 위기에 직면했습니다. 산림 파괴, 습지 감소, 해양 환경 변화 등으로 인한 서식지 감소는 생물의 이동, 번식, 생존에 부정적인 영향을 미치기 때문입니다.

지구온난화로 인해 서늘한 산악 지역에 적합한 식물 생태계는 점점 더 높은 고도로 이동하고 있습니다. 산악 지역에 특화된 식물 종이나 동물 종은 아예 사라지기도 하지요. 식물의 개화 시기와 동물의 번식 시기 등이 달라지면서 서로 다른 종들 사이에 생태학적 상호 작용도 이루어지지 않아 종 사이의 의존 관계가 깨지기도 합니다.

지구온난화 외에 극단적인 이상기후도 생물 서식지에 영향을 끼칩니다. 서식지가 파괴되면 생물 종의 이동과 번식 양상에 변화가 일어나는데, 이는 모두 생물 다양성에 부정적으로 작용합니다. 그외에도 불법 사냥으로 인한 희귀 야생동물의 포획이나 외래종 유입에 의한 지역 생태계의 교란, 토착종의 멸종도 오늘날 생물 다양성을 위협하는 중요한 요인 중 하나입니다.

기후변화와 함께 나타나고 있는 생물 다양성의 심각한 위기 상황은 인류의 생존도 위협하는 중요한 문제입니다. 생물 다양성은 식량 생산과도 밀접하게 관련되어 있으므로 식량 위기로 이어지는 문제가 될 수 있지요. 약용으로 사용되는 식물이 사라지면 의약품과 치료법 개발에도 문제가 생길 수 있습니다.

이 외에도 생태계를 통해 제공되는 각종 자원이 사라지면 막대한 경제적 피해로 이어질 가능성도 있습니다. 뿐만 아니라 생물 다양성이 제공하는 문화적 가치와 정서적 안녕감도 훼손됩니다. 이를테면 더 이상 제주도의 아름다운 자연 풍경을 감상하며 마음의 위안을 받을 수 없겠지요.

이처럼 생물 다양성 감소는 인류 생존에 위협적이므로 그 해결을 위해 국제사회가 힘을 합쳐 노력해야만 합니다. 기후변화 대응에서 생물 다양성 보전 문제를 반드시 함께 고려해야만 하는 이유입니다.

멸종 위기에 처한 동물은 어떻게 구분할까?

세계자연보전연맹(IUCN)은 멸종 위기에 처한 수천 종의 동식물 보호를 위해 '적색 목록(red list)'을 공표합니다. 그리고 멸종 위험도에 따라 9개 등급으로 분류해 보호 대책을 세우고 있지요. 멸종 위험도 순서대로 절멸(EX), 야생절멸(EW), 위급(CR), 위기(EN), 취약(VU), 준위협(NT), 최소관심(LC), 정보부족(DD), 미평가(NE)로 나뉩니다.

이 중 미평가 등급은 아직 멸종 위험 평가가 이루어지지 않은 생물 종을 의미합니다. 정보부족 등급은 정보가 모자라 평가하기 어려운 종이고, 최소관심 등급은 멸종 위기에 해당하지 않지요.

적색 목록에 등재된 종들 중 위급, 위기, 취약, 준위협 등 총 4개 등급은 멸종 위기에 해당합니다. 그중 준위협 등급의 종은 당장 멸종 위기에 직면한 것은 아니지만 가까운 시일 내에 위협받을 수 있는 동물들로 관심이 필요합니다. 나머지 위급, 위기, 취약의 3개 등급은 '위협 분류'라 불리는 등급으로 각별한 보호와 관심이 필요하지요.

멸종 위험도가 더 높은 절멸과 야생절멸 등급은 위협 분류에 해당하지 않습니다. 이미 돌이킬 수 없는 상태에 이르렀기 때문이지요. 절멸 등급은 지구상 단 한 마리도 찾을 수 없음이 확인된 경우이고, 야생절멸 등급은 동물원이나 야생 보호구역과 같은 인위적 보호 노력 없이는 사라진 종을 의미합니다.

파울 크루첸

파울 크루첸(1933~2021)은 네덜란드 출신의 대표적인 대기 화학자이자 기후 과학자입니다. 대기 중 오존 파괴와 관련하여 기초 연구에 기여한 바를 인정받아 1995년에 노벨 화학상을 수상했지요. 특히 1970년대와 1980년대에 오존층 파괴에 대한 연구를 진행했습니다. 대기 중 존재하는 산소와 질소가 자외선을 흡수하여 오존을 생성하는 과정을 연구했는데, 그 과정에서 인위적으로 만들어진 화학 물질, 염화불화탄소 등의 역할을 밝혀냈습니다. 이를 통해 상층 대기의 오존층 파괴에 대한 인식을 높이는 데 기여했지요.

인류세는 1980년대에 미국의 생태학자 유진 스토머(Eugene Stoermer)가 만든 개념입니다. 당시에는 널리 알려지지 않았는데, 크루첸이 이 용

어를 널리 알렸습니다.

크루첸은 산업화와 인구 증가, 자원 소모 등으로 지구 환경에 대한 인류의 영향이 지나치게 증가하고 있음을 깨달았습니다. 이러한 인간 활동이 지구 시스템에 지속적 압력을 가하며 각종 환경 문제를 불러 일으키고 그 균형을 깨트리고 있음에 주목했지요. 인간 활동이 지구의 다양한 구성 요소에 미친 영향이 너무나 커 오늘날의 지질 시대를 인류세로 부를 정도가 되었다고 판단한 것이지요.

또한 크루첸은 다양한 관점에서 지구 환경 문제를 종합적으로 이해해야 한다고 주장했습니다. 기후변화, 환경오염, 생물 다양성 감소 등 환경과 관련된 문제들은 서로 연결돼 있기 때문입니다. 인류세는 이러한 문제들을 종합적으로 이해하는 단어인 셈입니다.

　파울 크루첸은 인류세 개념을 통해 인간이 환경과 생태계에 얼마나 지대한 영향을 미치고 있는지를 인식하고 이를 바탕으로 지속 가능한 방식으로 나아가야 한다는 메시지를 전달하고자 했지요. 오늘날 인류세 개념은 지구 환경 과학은 물론 다른 분야에서도 큰 관심을 받고 있습니다. 사회과학, 인문학 등 다양한 학문 분야에서 논의하고 연구하는 주제가 되었으며, 인류의 행동과 환경 사이의 상호 작용을 이해하고 적절한 대응책을 모색하는 계기가 되었습니다.

　크루첸의 연구 덕분에 지구 환경 보호와 대기 구성 물질의 안정을 위한 국제적 조치가 빠르게 이뤄졌습니다. 지구 환경에 미치는 인간의 영향과 지구 시스템의 변화에 대한 깊은 이해를 도모하고 지속 가능한 환경 정책과 대응책의 중요성을 강조하는 데도 영향을 미쳤지요. 그는 환경 보호에 대한 공로를 인정받아 여러 상을 받았습니다.

　파울 크루첸은 2021년 1월에 퇴직한 후 독일의 퀼른에서 세상을 떠났습니다. 그러나 그의 연구와 업적은 기후변화에 대한 대응과 환경 과학 분야에 여전히 큰 영향력을 미치며 지구 환경에 대한 이해를 높이는 데 기여하고 있습니다.

3장

기후정의,
더 고통받는 사람들이 있다?

1

빙하를 녹인 건 내가 아닌데

🌡 국가 간 불균형, 탄소 배출 책임

● 억울한 사람들

기후변화는 각종 기상 이변을 가져올 뿐만 아니라 지구 환경 전반
을 총체적으로 변화시키며 인류에게 큰 피해를 주고 있습니다. 그런
데 기후변화를 가져온 책임과 이로 인한 각종 사회·경제적 피해가 일
대일로 일치하는 것은 아닙니다. 탄소 배출 책임이 큰 국가나 세대보
다 그 책임이 적은 일부 개발도상국과 미래 세대가 더 큰 피해를 입는
상황은 정의롭다고 할 수 없겠지요. 이처럼 기후변화로 인해 생기는 비
윤리적이고 정의롭지 못한 상황을 인식하고, 그러한 상황을 해소하기
위한 사회 운동을 '기후정의'라고 합니다. 3장에서는 국가 간, 세대 간
기후정의 문제와 그로 인해 격렬해진 대립과 갈등, 기후난민 문제를 살

펴보며 인류가 이 문제에 어떻게 대응해야 할지 생각해 보겠습니다.

앞에서 기후변화 시대가 도래하면서 각종 이상기후와 자연재해 문제가 심각해지고 있음을 살펴봤습니다. 대표적인 사례 중 하나로 2022년 7월의 파키스탄 폭우를 꼽았지요. 당시 파키스탄에서는 폭우가 발생해 큰 피해를 입었어요. 특히 일부 지역에서는 극심한 강우로 강이 범람하고 대규모 홍수가 발생하여 상당한 피해를 입었습니다. 수많은 사람들이 목숨을 잃고, 주택과 건물 및 토지와 농작물이 침수되는 등 피해가 매우 컸지요.

파키스탄은 과거에도 여러 차례 폭우와 홍수라는 자연재해를 겪었지만 점점 그 빈도가 잦아지고 강도는 심해지고 있습니다. 이처럼 엄청난 규모로 인명과 재산 피해를 가져올 정도의 사례는 전례를 찾아보기 어렵습니다. 기후변화가 아니라면 설명할 수 없는 기상 이변입니다.

전체 국토 면적의 3분의 1이 물에 잠길 정도로 초유의 사태를 경험한 파키스탄은 기후변화의 핵심 원인으로 지목된 탄소 배출에 대한 책임이 1%도 되지 않는다고 합니다. 당연히 파키스탄 국민들로서는 억울하다고 할 만하지요. 탄소 배출에 대한 책임은 다른 선진국들에 비해 훨씬 적은데 그 피해는 너무나 가혹하여 기후난민까지 증가하고 있으니, 국가 간 불균형 문제가 대두되는 것입니다.

소득에 따른 온실가스 배출량 차이도 매우 큽니다. 2022년 기준 전 세계 소득 상위 1%의 1인당 온실가스 배출량은 110톤으로, 하위 50%의 1인당 온실가스 배출량인 1.6톤보다 무려 70배 가까이 많습니다. 소득 상위 1%의 온실가스 총 배출량은 전 세계 배출량의 약 17%에 달할 정도로 많지요. 비교 대상을 상위 10%로 확대하면 이들이 배출하는 온실가스는 전 세계 배출량의 절반에 가까운 약 48%로 늘어납니다.

우리나라도 1인당 연평균 12.7톤의 온실가스를 배출하지만, 소득 하위 50%는 고작 6.6톤만 배출합니다. 반면 소득 상위 1%는 생활 방식이나 온실가스를 배출하는 산업에 투자하는 방식 등으로 연간 무려 180톤의 온실가스를 배출합니다.

우리나라가 2030년까지 탄소 배출을 절반으로 줄이기 위해 1인당 연평균 배출량 7.4톤을 목표로 한다면, 소득 하위 50%는 이미 그 목표를 달성한 셈이니 더 줄일 필요가 없지요. 상위 1%는 무려 현재 배출량의 96%에 달하는 172.6톤을 감축해야만 한다는 뜻입니다. 앞으로 기후변화에 따른 피해에 대한 보상과 책임을 가리는 문제에서 온실가스 배출량을 어떻게 해석할지에 대한 다양한 관점은 중요해질 것입니다.

알아봅시다

어느 나라가 탄소를 가장 많이 배출할까?

중국은 전 세계 이산화탄소 배출량의 32.9%를 배출하고 있습니다. 이는 미국(12.6%), 유럽연합 27개국(7.3%), 인도(7.0%)에 비해 엄청난 양이지요. 그러나 인구 1인당 이산화탄소 배출량을 비교해 보면 확연히 다릅니다. 중국의 1인당 이산화탄소 배출량(8.7톤)은 우리나라의 1인당 이산화탄소 배출량보다도 적습니다. 덧붙여 유럽연합 27개국(5.3톤)과 인도(1.9톤)에 비해 미국(14.2톤)과 러시아(13.5톤)의 1인당 이산화탄소 배출량이 월등히 많지요.

게다가 중국은 '세계의 공장' 역할을 담당하고 있습니다. 중국에 있는 공장들 중에는 우리나라를 비롯해 미국과 유럽 등 주요 선진국에 기반을 둔 기업들의 수주를 받아 상품을 생산하는 곳이 많지요. 따라서 중국의 온실가스 배출량을 중국의 책임이라고만 보기는 어렵습니다.

아울러 오래전에 산업화를 마친 선진국과 이제 한창 산업화가 진행 중인 개발도상국의 온실가스 배출 책임을 동일한 잣대로 비교할 수 없기도 합니다. 산업혁명 이후 선진국은 많은 탄소를 배출하며 경제적인 부를 거머쥐었습니다. 산업화를 통해 비약적으로 성장한 우리나라도 이런 책임에서 자유로울 수 없지요. 각국이 개발 과정에서 배출한 탄소가 누적되어 대기 중에 축적된 결과 기후변화가 일어났으니, 탄소 누적 배출량을 고려해 국가별 책임을 따지지 않을 수 없습니다.

생산 과정에서 배출되는 탄소 배출량뿐 아니라 소비 과정에서 배출되는 탄소 배출량도 비교해야 합니다. 소비를 기반으로 한 배출량과 역사적으로 누적된 탄소 배출을 포함하여 국가별 책임을 따지면 미국(40%), 유럽연합(29%), 나머지 유럽(13%), 나머지 북반구(10%), 남반구(8%) 순입니다.

이렇게 따져보면 개발도상국에 비해 선진국의 책임이 훨씬 더 크다는 것은 부인할 수 없는 사실입니다. 평균적으로 미국인은 프랑스인보다 온실가스에 대한 책임이 3배 더 많으며, 프랑스인은 방글라데시인보다 10배 더 책임이 있다고 합니다.

물론 선진국도 각종 기상 이변으로 인한 피해를 입고 있지만, 개발도상국처럼 탄소 누적 배출량에 비해 큰 피해를 입는 억울한 상황은 아니지요. 오늘날 선진국들이 탄소 배출을 빠르게 줄이고자 고심하며 탄소중립을 위해 박차를 가하는 동시에 개발도상국의 기후변화 적응 비용을 지원하는 것은 바로 이러한 이유 때문입니다.

● 사라지는 국가들

태평양의 여러 섬으로 구성된 투발루는 국토 면적이 좁고 인구수도 매우 적은 나라입니다. 기후변화를 최전선에서 경험하고 있는 국가 중 하나이지요.

2021년 11월에 영국 글래스고에서 열린 제26차 유엔 기후변화협약 당사국총회에서 투발루의 외교부 장관 사이먼 코페(Simon Kofe)는 허벅지 높이까지 차오른 바닷속에 들어가 수중 연설을 감행했습니다. 그는 "해수면이 계속 차오르고 있기 때문에 우리는 말뿐인 약속을 기다릴 여유가 없다"며 기후변화의 심각성을 강조했고, 진 세계가 즉각

행동에 나설 것을 촉구했습니다. 그가 수중 연설을 한 곳도 과거에는 육지였다고 하지요.

지구상 가장 아름다운 나라로 꼽히는 인도양의 섬나라 몰디브 역시 기후변화에 취약한 곳 중 하나로, 지도에서 사라질 위기에 처해 있습니다. 몰디브는 1,000개 이상의 작은 섬으로 구성되어 있는데 그중 사람이 살고 있는 섬은 200개 정도입니다.

몰디브 국토의 80%는 해발 고도 1m 미만입니다. 따라서 해수면이 1m만 상승해도 국토 대부분이 사라지겠지요. 몰디브의 전 대통령인 모하메드 나시드(Mohamed Nasheed)는 바닷속에서 스쿠버 다이빙을 하며 각료 회의를 열었고, 전 국민이 오스트레일리아로 이주할 것을 제안하기도 했습니다.

오죽하면 국제 공항 주변의 산호 지대 위에 모래를 쌓아 해발 2m 높이의 인공섬을 만들고 그 위에 도시를 조성했을까요? 2020년대 중반에 인공섬 프로젝트가 마무리되면 몰디브 인구의 절반인 24만 명이 이 섬으로 이주할 것으로 예상됩니다. 또한 몰디브는 수도 말레에서 배로 10분 거리의 산호섬에 5,000호 규모의 해상 주택이 포함된 수상 도시 건설도 추진 중이지요.

태평양에 위치한 키리바시는 총 33개의 화산섬으로 이루어진 국가입니다. 해수면 상승과 해양 산성화로 인한 해안선 침식 등의 문제로 일부 섬들이 이미 크나큰 피해를 입었으며, 물 부족 현상과 농산물 생산 저하로 어려움을 겪는 중이지요. 오늘날 키리바시 정부는 남태평양의 섬나라 피지에 땅을 구입하는 등 국제사회와 함께 기후변화에 대응하기 위해 다양한 노력을 기울이고 있습니다. 최근 키리바시의 아노테 통(Anote Tong) 전 대통령은 '태평양 해양경관관리협의회'를 조직하기도 했습니다. 2050년이 되면 태평양 도서국 23곳이 물에 가라앉을 상황을 공론화하기 위해서지요.

또한 군소 도서국들은 독일 함부르크의 국제해양법재판소에 유엔 해양법협약 당사국들이 의무적으로 온실가스를 감축하도록 하는 일종의 기후소송을 제기했습니다. 이들은 이산화탄소를 아예 해양 환경 오염원으로 규정해야 한다는 주장을 펼칩니다.

그 방식은 해양 환경 보전 의무에 이산화탄소에 의한 해수면 상승, 해양 온난화, 해양 산성화 등의 방지도 포함해야 하는 것은 아닌지 국제해양법재판소에 자문을 요청한 것입니다. 하지만 실질적으로는 기후변화로 인한 피해가 큰 도서국들이 온실가스를 많이 배출하는 국가들을 상대로 기후정의 소송을 제기한 것이라고 볼 수 있습니다. 특히 청문회에 출석한 도서국 대표는 "이제는 이행되지 않는 공허한 약속이 아니라 법적 구속력이 있는 의무에 대해 이야기할 때"임을 분명히 했습니다.

● **지속 가능한 글로벌 공동체를 위해**

누적 탄소 배출량이 크지 않은 개발도상국과 빈국이 기후변화로 인해 큰 피해를 입고 국가의 존립까지 위협받는 가운데, 앞으로 국제사회에서 기후정의 문제가 더욱 부각될 것은 분명합니다. 각종 기상 이변과 기후변화 피해에 대한 배상 혹은 보상을 원하는 목소리가 커질 수밖에 없지요. 산업화 이후 많은 탄소를 배출하여 누적 탄소 배출량이 큰 국가와 기업이 오늘날의 기후위기와 기후비상에 대한 책임이 훨씬 크기 때문입니다.

물론 선진국에만 책임이 있고 개발도상국은 아무런 책임이 없다는 말은 아닙니다. 누적 탄소 배출량은 선진국이 더 많지만 현재의 탄소 배출량은 중국, 인도와 같은 주요 개발도상국이 상당 부분을 차지하고 있기 때문이지요. 즉, 개발도상국 중 탄소 배출량이 많은 국가에서 탄소 배출을 빠르게 감축하지 않는다면 아무리 선진국에서 탄소 배출량을 줄여도 지구온난화의 속도를 늦추기 어렵다는 뜻입니다. 그러므로 개발도상국에서도 반드시 탄소 배출을 빠르게 줄여야 합니다.

기후변화를 둘러싼 선진국과 개발도상국 사이의 입장 차이 탓에 국제사회의 합의가 늦어졌습니다. 그사이 기후변화 문제는 더더욱 심각해지면서 더 이상 그 대응을 미룰 수 없게 되었습니다. 국제사회는 '파리기후변화협약' 즉, 파리협정(Paris Agreement)을 통해 극적으로 합의할 수 있었습니다.

2015년 프랑스 파리에서 열린 제21차 기후변화협약 당사국총회에서는 2020년부터 모든 국가가 참여하는 신기후체제의 근간이 될 파리협정이 채택되었습니다. 그전까지 선진국에만 온실가스 감축 의무를 부과했던 교토의정서 체제를 넘어 모든 국가가 자국의 상황을 반영하여 참여하는 보편적 체제가 마련된 것이지요.

그 내용을 좀더 자세히 살펴봅시다. 파리협정은 선진국과 개발도상국 모두 탄소 배출량을 빠르게 줄이되, 서로 책임이 다름을 고려하여 선진국에서 온실가스를 더 많이 감축하고 개발도상국의 기후변화 적응 비용을 일부 부담하도록 했습니다. 또한 지구 평균 온도의 상승 폭을 산업화 이전 대비 1.5℃로 제한하기 위해 노력한다는 전 지구적 장기 목표를 설정했지요. 또한 모든 국가가 2020년부터 기후행동에 참여하며 5년 주기로 이를 점검하고 기후변화에 대한 대응 노력을 점진적으로 강화하도록 규정했습니다. 파리협정은 2015년 12월 파리에서 채택되었고, 2016년 4월 22일 미국 뉴욕에서 서명되어 11월 4일 공식 발효되었습니다.

기후변화에 대한 피해는 누가, 얼마나 입게 될까요? 과연 그 책임은 누가, 얼마나 더 많이 짊어져야 하는 것일까요? 이 두 질문에 대한 답변이 기후정의의 핵심입니다. 기후정의론자들은 기후변화의 원인인 온실가스를 많이 배출한 나라와 사람은 부유한 국가 혹은 국가 내 부유층이지만, 가장 큰 피해를 입는 대상은 온실가스 배출 책임이 적은 빈곤국 혹은 국가 내 빈곤층이라고 주장합니다. 따라서 일정 수준의 개입이 필요하다는 것이지요.

이처럼 기후정의는 기후변화와 관련한 정의와 공정성을 중요하게 생각합니다. 기후변화로 인한 피해에 적응하는 과정에서 더 큰 어려움을 겪는 취약한 국가들을 보호하고 지원하지 않으면, 앞으로 기후난민이 급증하여 더욱 큰 문제가 벌어질 수 있다는 점을 잊지 말아야 합니다. 국제사회가 앞장서서 국가별, 기업별, 국가 내 소득별 공정성을 추구하며, 글로벌 공동체로서 지속 가능한 발전을 위해 기후위기 대응에 힘을 모아야 할 때입니다.

2

아이들에게 못할 짓이라고?

🌡 세대 간 불균형, 기후소송

● 풍요로운 세상, 파괴된 지구

기후변화에 대한 국제사회의 대응이 늦어진 이유로 선진국과 개발
도상국 사이의 입장 차이를 꼽을 수도 있지만, 세대 간의 문제도 생각
해 볼 필요가 있습니다.

과학자들은 오늘날의 지구온난화는 자연적인 기후 변동성의 일환
이 아니라 인간 활동 때문임을 객관적 증거들을 들며 경고해 왔습니
다. 과학자들의 경고가 사실임을 깨달은 사람도 있었지만 많은 사람
이 이를 진지하게 고민하지 않았지요. 기후변화를 현재 세대가 당장
해결해야 할 문제가 아니라 미래 세대가 겪을 먼 후일의 문제로 치부
하며 애써 외면한 것이지요.

그러는 사이 각종 기후음모론이 등장하여 지구온난화가 사실이 아니라고 주장하거나, 지구온난화는 사실이더라도 그 원인이 인간과는 무관하다는 주장도 나왔습니다. 그러면서 기후변화에 대한 대응은 더욱 지체되었지요. 어느덧 지구온난화는 '지구열탕화' 혹은 '끓는 지구'라고까지 불릴 정도로 심각하고 시급한 문제가 되었습니다.

산업화 이후 인류는 경제 성장을 최우선의 가치로 두고 물질적인 성장을 위해서라면 지구 환경을 희생하는 것을 당연시해 왔습니다. 물질적으로는 전례 없이 풍요로우면서도, 환경은 크게 훼손된 오늘날의 세상이 그 결과이지요. 현재 세대는 과거 세대로부터 물질적으로 풍요로운 세상을 넘겨받기도 했지만 동시에 파괴된 지구를 물려받음으로써 반드시 해결해야만 하는 어려운 숙제를 떠안은 셈이기도 하지요.

벼랑 끝 비상 상황에 몰린 지금의 세대는 기후변화 문제를 해결할 최후의 세대입니다. 만약 현재 세대가 기후변화를 해결하지 못한다면 미래 세대가 살아갈 환경은 우리의 예상보다 더 심각할 것입니다.

● **미래 세대의 인권을 침해하다**

세대 간 갈등의 원인은 여러 가지가 있겠지만, 기후변화의 영향과 대응에 따른 이해관계가 다른 것도 주요 원인 중 하나임이 분명합니다. 파격적 행보를 보이는 기후 활동가 그레타 툰베리는 15살의 어린 나이로 2018년부터 본격적으로 기후행동에 나섰습니다. 그녀가 국제 사회의 태도를 바꿀 수 있었던 배경에는 기후변화를 둘러싼 세대 간 입장 차에 대한 많은 사람들의 깊은 공감과 열렬한 지지가 있었기 때문입니다. 그레타 툰베리로 대표되는 미래 세대의 강력한 항의는 각국 정책 결정자들의 정곡을 찔렀지요.

현재 세대와 미래 세대는 모두 기후변화의 피해자입니다. 기후변화가 심각해지면서 그 대응을 위해 현재 세대가 부담해야 할 비용과 책임은 점점 더 커지고 있는데, 이는 과거 세대가 기후 문제를 미루며 사안을 키워왔기 때문이지요. 인간으로서 살아가며 누려야 할 기본적인 권리마저 침해받았다는 면에서 과거 세대는 미래 세대의 인권을 침해했다고 볼 수도 있습니다.

기후변화를 둘러싼 세대 간 갈등에는 과거 세대와의 갈등만 있는 것은 아닙니다. 앞으로 기후 문제에 대응하는 과정에서 현재 세대와 미래 세대도 여러 갈등을 마주할 수밖에 없을 테지요. 현재 세대가 막대한 비용을 부담하여 기후변화의 속도를 늦추고 기후변화에 적응하기 위해 각종 인프라를 개선하며 자연재해로 인한 피해를 줄이기 위해 방재에 노력을 기울일 때, 현재 세대에 비해 미래 세대가 그 직접적인 혜택을 더 많이 누릴 것이기 때문입니다.

현재의 안정성과 생활 편의를 더 중시하는 현재 세대와 지속 가능성과 환경 보호를 더 우선하는 미래 세대 사이에는 우선순위의 차이 또한 존재합니다. 인식 차이도 무시할 수 없을 테지요. 기후변화에 대한 인식 수준이 낮은 현재 세대와 달리, 미래 세대는 환경 문제에 더 민감하게 반응하며 높은 환경 감수성을 보여 두 세대 사이에 뚜렷한 입장 차가 드러날 것입니다.

기후변화를 둘러싼 세대 간 갈등을 완전히 없앨 수는 없겠지만, 갈등을 해소하고 협력하기 위해서는 상호 간의 이해와 소통이 중요합니다. 세대 간 대화와 타협을 통해 기후 문제에 대한 대응 방안을 마련하는 자세가 필요하지요. 세대 간 소통이 잘 이루어져야만 모든 세대가 지구에서 지속 가능한 방식으로 공존할 수 있는 정책적, 사회·경제적, 기술·공학적 해법을 찾을 수 있을 것입니다.

● 아기 기후소송을 제기하는 사람들

2020년대에 들어선 이후 세계 곳곳에서는 어린이 및 청소년의 기후소송이 이어지는 중입니다. 전 세계적으로 1,000건 이상의 기후소송이 진행되고 있지요.

세계 최초로 기후변화에 대한 정부의 책임을 인정한 판례는 네덜란드의 '우르헨다 판결'입니다. 2012년 네덜란드의 환경 단체인 우르헨다 재단은 정부가 온실가스 감축 목표를 낮춘 것을 지적하며 목표를 상향하라고 촉구했는데, 정부에서 이를 받아들이지 않았지요. 이에 우르헨다 재단은 정부의 태도가 "국민을 향한 보호 의무 위반"이라고 주장하며 국가를 상대로 소송을 제기한 것입니다. 재판은 2019년까지 이어졌고 우르헨다 재단은 마침내 승소했지요.

2020년 9월, 포르투갈에서는 청소년 6명이 파리협정에 가입한 유럽 32개국을 상대로 유럽인권재판소에 기후소송을 제기했습니다. 포르투갈에서는 2017년에 대형 산불이 발생해 66명이 숨졌는데, 이를 계기로 한 남매가 기후소송을 위한 크라우드펀딩을 시작했지요. 포르

헌법 소원

헌법 정신에 위배된 법률에 의하여 기본권의 침해를 받은 사람이 직접 헌법 재판소에 구제를 청구하는 일.

투갈 청소년들은 유럽의 나라들이 기후변화에 제대로 대응하지 않아 유럽인권협약 제2조 생명권, 제8조 사생활을 존중받을 권리, 제14조 차별 금지 등을 침해당했다고 주장합니다. 소송에 대한 결과는 아직 나오지 않았습니다.

무엇보다도 2021년 독일의 연방헌법재판소가 자국의 연방기후보호법을 두고 일부 위헌이라는 판결을 내린 점에 주목할 필요가 있습니다. 독일의 연방기후보호법은 2030년까지 온실가스 배출량을 1990년 대비 55% 이상 감축하는 것을 의무화하고 있는데, 2030년 이후 충분한 목표를 제시하지 않아 미래 세대의 권리를 침해한다는 이유에서 일부 위헌 판결을 내린 것이지요.

독일 연방헌법재판소는 판결에서 "기본법 제2조 2항에 따르면 국가는 기후변화 위협으로부터 생명과 신체를 보호할 의무가 있다"며 "이는 나아가 미래 세대를 보호하기 위한 객관적 의무로 이어질 수 있다"고 밝혔습니다.

이와 같은 기후소송의 요지는 세대 간 불평등을 바로잡으려면 온실가스 감축 목표를 더 높게 잡아야 한다는 점입니다. 현재 세대가 느슨한 감축 목표를 두고 더 많은 자유를 누리면 이는 고스란히 미래 세대의 과도한 온실가스 감축 부담으로 이어지기 때문이지요.

우리나라에서도 헌법 소원 청구가 진행 중입니다. 2020년 3월, 국내 청소년들의 자발적 모임인 청소년기후행동에 소속된 청소년 19명은 저탄소 녹색성장 기본법 등 현행 법령이 온실가스 감축 목표를 소극적으로 규정함으로써 기후변화를 심화시켜 청소년의 기본권을 침해한다는 헌법 소원을 냈지요. 또 청소년기후행동은 2023년 3월 13일에 기자 회견을 열어 "지난 5년 동안 네덜란드와 아일랜드, 프랑스, 독일 등에서 정부의 기후 대응 책임을 인정하는 판결이 나왔다. 우리 헌법 재판소의 신속하고 전향적인 판단이 그 어느 때보다 중요하다"고 주장했지요. 법조인 215명은 청소년들의 기후소송에 대한 공식 지지를 표명했습니다.

그러나 우리나라 정부에서 현행법을 위헌으로 인정한 사례는 아직까지 찾아볼 수 없습니다. 2019년 결성된 단체 '기후위기 비상행동'이 제기한 헌법 소원에 대한 답변서에서, 정부는 세대 간 불평등에 관한 주장을 타당하지 않은 것으로 보고 있지요.

현재의 상황과 아직 닥치지 않은 미래의 상황을 동일한 선상에 두고 비교할 수 없다는 이유 때문입니다. 또 "미래에 야기될 수 있는 기후 상황을 이유로, 청구인들(미래 세대)의 생명권이 침해된다고 보는 것도 지나친 비약"이라며 위헌이 아니라는 판단을 내리고 있지요. 다만 온실가스 감축에 대해서는 전문가 분석과 여론 수렴 등을 거쳐 감축 목표를 정하고 세부 계획을 수립하는 등 파리협정 당사국으로서 책임을 다하려고 노력 중임을 강조했습니다.

그럼에도 관련 소송은 줄어들지 않고 있습니다. 2020년 첫 기후소송을 시작으로 4건의 소송이 진행되었거나 진행 중에 있지요. 심지어 아기 기후소송을 제기하는 사람들도 나타났습니다. '딱따구리 외 61명'의 청구인들이 탄소중립기본법 시행령이 미래 세대의 기본권을 침해한다면서 헌법소원을 제기한 것인데요. 대표 청구인인 '딱따구리'는 당시 20주였던 태아의 태명입니다. 5살 이하 아기 40명, 6~10살 어린이 22명이 청구인으로 참여한 '아기' 기후소송이지요.

탄소중립기본법 시행령에는 2030년까지 2018년 대비 온실가스 배출량을 40% 감축하도록 규정되어 있는데, 이 목표치가 미흡하여 생명권 등 미래 세대의 기본권을 보호하기에 충분하지 않다는 취지입니다. 과거 세대가 배출한 탄소 탓에 아직 탄소를 1g도 배출한 적 없는 미래 세대가 기후변화의 피해를 고스란히 겪어야 하는 세대 간 갈등

에 대해 본격적으로 문제를 제기한 것입니다.

아기 기후소송의 주요 주장은 다음과 같습니다. 첫째, 기후위기로 인한 부정적 영향이 미래 세대에게 미치면서 아기들과 어린이들의 권리가 침해될 수 있다고 주장합니다. 건강한 환경과 지속 가능한 미래를 살아갈 권리를 침해받았다는 것이지요.

둘째, 미래 세대가 부담해야 하는 환경적·경제적 부담이 커진 원인이 현재 세대의 활동에서 기인하기 때문에 현재 세대가 그 부채를 갚아야 한다는 주장입니다. 현재 세대가 기후변화 대응에 소홀한 만큼 미래 세대에게 부담을 지우고 있다는 의미지요.

셋째, 온실가스 배출에 책임이 큰 기업들에게 책임을 묻겠다는 것입니다. 개인이 일상생활에서 배출하는 탄소보다 기업 활동 과정에서 배출되는 탄소가 월등히 많기 때문에 기업이 기후변화에 대해 더 큰 책임을 짊어져야 한다는 말이지요.

이러한 아기 기후소송은 기후 문제의 심각성과 현재 세대의 책임에 대한 논의를 불러일으키며 사회적 관심을 고조하는 데 기여합니다. 현재 여러 국가에서 이러한 소송이 진행 중입니다.

기업도 기후변화에 책임을 져야 할까?

개인이 일상생활에서 배출하는 온실가스 양보다 기업의 활동 과정에서 배출되는 온실가스 양이 압도적으로 많습니다. 물론 국가 간 탄소 배출량에 많은 차이가 있는 것처럼, 기업 간에도 그 책임 정도에는 차이가 있기 때문에 어느 기업이 탄소를 많이 배출하는지 면밀한 조사가 필요하지요.

2013년 필리핀의 사례가 대표적입니다. 당시 필리핀은 태풍 하이옌으로 인해 6,300명 이상이 사망하는 등 큰 피해를 입었습니다. 이에 국제 환경 단체인 그린피스(Greenpeace)는 필리핀 현지 단체들과 힘을 모아 필리핀인권위원회에 주요 탄소 배출 기업들이 기후변화와 해양 산성화에 미친 책임을 밝혀줄 것을 요구했습니다.

필리핀인권위원회는 총 4년에 걸친 조사 끝에 쉘, 엑슨모빌, 쉐브론을 포함한 47개 기업을 주요 탄소 배출 기업으로 꼽았지요. 그리고 그 기업들에게 기후변화로 인해 인권을 침해당한 필리핀 국민들에 대한 법적·도덕적 책임을 질 것을 요구했습니다.

이 발표는 기후변화가 인권에 영향을 미친다는 사실을 공식적으로 인정한 사례입니다. 또한 인권을 침해당한 사람들이 기후변화에 대한 책임이 큰 글로벌 기업에게 합당한 책임과 보상을 요구할 권리가 있음을 보여준 사례라는 점에서 큰 의미가 있습니다.

3

바다가 다가오고 있다!

🌡️ 해수면 상승

● 급증하는 해수면 상승 피해

지구 곳곳에는 이미 해수면 상승 피해로 고통받는 국가들이 있습니다. 앞서 살펴보았던 키리바시, 투발루, 몰디브 같은 곳이 대표적이지요. 현재까지 해수면 상승 피해를 입지 않은 국가들도 안심할 수 없습니다. 지속되는 해수면 상승에 제대로 대응하지 않으면 피해 규모는 점점 더 커질 것으로 전망되기 때문입니다. 여기서는 해수면 상승 문제를 중심으로 기후변화가 왜 특정 국가만의 문제가 아닌 우리 모두의 문제인지 생각해 보겠습니다.

평균 해수면 상승 속도는 '고작' 연간 3~4mm 정도에 불과하니 큰일이 아닌 것처럼 생각할 수 있습니다. 그러나 기후변화의 진짜 위협은 지구의 평균 온도가 산업화 이전 대비 '고작' 1℃ 오른 데 그치는 것이 아니라 그로 인해 지구 시스템의 전반이 변화한 데 있었지요. 40℃, 50℃까지 오르는 폭염과 영하 40℃, 50℃까지 떨어지는 한파 등 극단적인 기후 현상이 나타나는 데 기후변화의 진짜 위협이 있음을 여러 사례를 통해 알아보았습니다.

해수면 상승 문제도 마찬가지입니다. 지난 수십 년 동안 평균 해수면이 10cm 남짓 상승했다는 사실 자체로 인한 피해보다는 해일과 너울, 풍랑과 해안 침식 등의 양상이 달라져 그 피해가 커질 수 있다는 점에 유의해야 합니다.

해안가의 주요 건물과 시설물은 현재의 평균 해수면에 맞춰 설계됐습니다. 만약 해수면이 지속적으로 상승한다면 그 조건을 견딜 수 없는 상황이 발생할 수 있지요. 원래라면 100년에 한 번 극단적인 풍랑이 발생하는 지역이 있다고 가정해 봅시다. 그 지역 해안가의 건물은 100년에 한 번 일어나는 풍랑에 대비할 수 있게끔 지어졌을 것입니다. 그러나 평균 해수면이 상승하면 100년에 한 번이 아니라 수년마다 극단적인 풍랑이 발생할 수 있습니다. 그럴 경우 그 건물은 붕괴되고 말겠지요.

해수면 상승이 가져올 자연재해는 풍랑만이 아닙니다. 해수면 상승으로 수심이 증가하면 해안으로 파도가 밀려오는 양상과 해안을 따라 이동하는 부유사●의 변화도 함께 일어납니다. 그러면 해안 침식의 양상이 바뀌어 해안가 건

부유사
바닥에 깔려 있다가 흐르는 물의 난류 현상에 의하여 물속을 떠다니는 흙과 모래. 파도가 해안에 밀려와 부서지며 해수 내 난류 현상을 강화하기 때문에 해저에서 잘 발생한다.

물과 시설의 피해가 급증할 수 있습니다. 해안 도로는 더 자주 폐쇄될 것이며, 토양의 염분 증가로 농작물 피해가 발생하고, 연안 지역의 침수 피해 역시 더 빈번해질 것임을 쉽게 예상할 수 있지요.

또 웜풀 해역이 확장됨에 따라 태풍도 점차 강해지고 있어 폭풍 해일 피해가 증가할 것으로 전망됩니다. 평균 해수면 상승은 폭풍 해일로 인한 피해를 더욱 부채질할 것입니다.

더구나 해수면 상승 속도도 과거에 비해 점점 빨라지고 있어 그에 대한 우려도 크지요. 해수면 상승 전망치는 계속 수정되고 있습니다. 과거에는 '최악의 시나리오'에 속했던 해수면 상승치가 이제는 '최선의 시나리오'에 포함될 만큼 그 상황은 심각하지요.

● 미래 해수면 상승 전망

과학자들은 여러 기후 모델을 이용하여 지구의 평균 온도와 평균 해수면이 얼마나 더 상승할지 예측합니다. 과연 2030년, 2050년, 2100년, 2300년의 평균 해수면은 얼마나 더 상승할까요?

물론 지구의 평균 온도 상승 폭과 평균 해수면 상승 폭은 우리가 탄소 배출량을 얼마나 빠르게 줄여갈 수 있을지, 그 최악의 경우와 최선의 경우를 나누어 예측한 시나리오별로 뚜렷한 차이를 보입니다.

이때 중요한 것은 아무리 빨리 탄소 배출량을 줄여도 지구 평균 온도를 낮추거나 해수면을 하강시킬 수는 없다는 사실입니다. 우리가 할 수 있는 최선은 그 변화가 너무 급격하게 일어나지 않도록 완화하는 정도입니다.

해수면 상승에 대한 대응책을 마련하기 위해 언제, 얼마만큼의 해수면 상승이 일어날지 예측하는 일은 매우 중요합니다. 2007년에 전 세계 과학자들은 여러 시나리오를 바탕으로 해수면 상승치를 예측하고 이를 종합했습니다. 그 결과, 2100년의 평균 해수면은 산업화 이전 대비 0.2~0.5m 즉, 20~50cm 상승할 것이라는 예측치가 나왔지요. 그러나 해수면 상승 속도가 점점 빨라지면서 기존 전망치는 계속 수정되고 있습니다.

최근의 해수면 상승 예측치를 종합한 결과, 2100년의 평균 해수면이

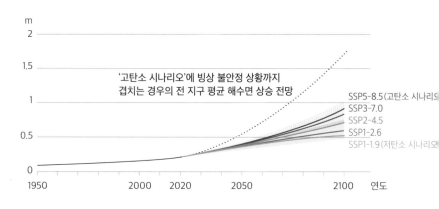

1900년의 해수면을 0이라고 할 때, 1950년부터 2100년까지 기간의 전 지구 평균 해수면 그래프. 2020년 이전까지의 해수면은 실제 관측된 해수면 고도에 기반한 것이고, 그 이후의 해수면은 시나리오별로 예측한 결과에 기반한 것이다. 미래의 해수면이 얼마나 상승할 것인지는 시나리오에 따라 뚜렷한 차이를 보인다. 6

산업화 이전에 비해 0.5~1.2m 상승할 것으로 상향 조정되었습니다. 일부 극단적인 시나리오에서는 해수면이 2.0m 이상 상승할 거란 전망도 나왔지요.

인류가 탄소 배출을 얼마나 빠르게 줄일 수 있는지에 따른 상승 폭 차이는 시간이 갈수록 점점 벌어지는 중입니다. 2300년의 해수면 상승 전망치는 좋은 시나리오, 즉 인류가 탄소 배출량을 급격히 감축하는 경우에 0.5~3.2m 수준이고, 반대로 인류의 탄소 배출량이 계속 증가하는 나쁜 시나리오에 따르면 1.8~6.9m 수준으로 나타납니다. 탄소 배출량이 급격히 늘어나는 상황을 가정한 극단적인 시나리오에서는 2300년의 평균 해수면이 무려 15m나 상승할 가능성도 제기되고 있어 우려가 큽니다. 이는 반드시 피해야만 하는 시나리오겠지요.

새로운 전망치에 근거한 최근 연구 결과들은 세계 곳곳에서 해수면 상승 피해가 커질 것임을 보여줍니다. 기존의 전망치에서는 2050년이 되면 만조 시에 베트남 일부 지역이 침수 피해를 겪을 것으로 알려졌지만, 새로운 전망치에서는 거의 전역이 침수된다고 나타났지요. 뿐만 아니라 2050년에는 중국의 상하이, 인도의 뭄바이, 태국의 방콕, 베트남의 호치민 등 많은 사람들이 거주하는 주요 해안 대도시들까지 침수 피해를 입을 수 있습니다.

우리나라도 아무 대책을 세우지 않으면 2030년부터 인천공항이 침수 피해를 겪기 시작하고, 국토 면적의 5% 이상에서 침수 피해가 발생할 수 있습니다. 또한 300만 명 이상이 이로 인한 피해를 입을 것으로 예상됩니다.

아직 해수면 상승 문제로 직접적인 피해를 입지 않은 국가들도 이제

대응책 마련에 분주하지 않을 수 없습니다. 전 세계 인구의 41%가 해안가에 살며, 인구 1,000만 명 이상이 거주하는 대도시의 3분의 2는 해양에 인접한 저지대에 위치하니까요. 사실상 해수면 상승 문제에서 자유로운 나라는 찾아보기 어렵습니다. 이를 통해 알 수 있듯, 기후변화의 피해는 더 이상 남의 나라, 미래 세대의 일로 치부할 수 없는 지구촌 모두의 현실입니다.

일부 국가는 해수면 상승과 여기에 동반되는 해안가 침수에 대처하기 위해 여러 노력을 기울이고 있습니다. 예를 들면 이탈리아는 베니스와 그 주변 해안 지역에 홍수가 점점 잦아지자 70억 유로라는 막대한 자금을 투입하여 '모세 프로젝트'를 진행 중이지요.

모세(MOSE)는 이탈리아어로 'Modulo Sperimentale Elettromeccanico'의 약자입니다. 우리말로는 '전기 기계 실험 모듈' 정도로 번역할 수 있습니다. 모세 프로젝트는 이동식 수문 시스템입니다. 수문은 평소에는 해저에 가라앉아 있지만 만조 등으로 해수면이 높아지면서 홍수가 예상되면 자동식 제어가 활성화되어 물 위로 부상하지요. 그렇게 바닷물의 유입을 차단하고 홍수를 예방하도록 만들었습니다. 기술적·환경적·경제적으로 해결해야 할 점은 많지만 얼마나 시급하면 이 같은 대규모 프로젝트를 진행하는지 생각해 볼 필요가 있습니다.

주요 도시와 농경지가 해수면보다 낮은 곳에 위치하고 있는 네덜란드에서도 홍수 방재를 위해 수백 년 동안 많은 노력을 기울여왔습니다. 특히 해수면 상승에 강력히 대응 중이어서 모범 사례 중 하나로 평가되지요.

예를 들어 네덜란드는 농업용 인공 투수 시스템 등 물 관리를 위한 고도의 인프라를 구축해 지역의 물을 관리하고 농작물의 생산성도 높게 유지합니다. 해안의 둑과 강을 통해 홍수 방지 시스템을 잘 구축했을 뿐만 아니라 지하 배수 시스템과 연계하여 효율적으로 물을 관리하고 있지요. 한편으로는 습지 등 해안가의 자연 생태계를 보호하고 복원하여 해수면 상승을 완화하려는 노력도 기울이고 있습니다.

● '그들'의 문제가 아닌 '우리'의 문제

세 면이 바다인 우리나라 역시 해수면 상승 문제에서 자유로울 수 없습니다. 해수면 상승에 따른 피해 유무를 따지지 않더라도 우리는 해수면 상승으로 고통받고 있거나 앞으로 고통받게 될 국가들을 외면할 수 없지요. 우리나라는 탄소 배출 10위권에 해당할 정도로 많은 온실가스를 배출하기 때문입니다. 특히 1인당 탄소 배출량은 5위로 최상위권에 해당하지요. 기후변화에 대한 책임이 매우 큰 편에 속하는 만큼 국제사회에서 책임 있는 역할을 해야 합니다.

극히 일부 국가를 제외하면 오늘날 세계 각국은 서로 긴밀하게 사람과 물자를 주고받습니다. 지구촌이라는 표현이 과장이 아닐 정도로 서로 유기적으로 얽혀 있지요. 항만을 통해 대부분의 물자를 교역하는 것이 무엇보다 중요한 우리나라는 바닷길이 막히면 일주일도 버티지 못하는 국가이기도 합니다. 뿐만 아니라 식량 자급률도 매우 낮기 때문에 세계의 산업과 농업에 영향을 끼치는 기후변화 문제에 예민한 상황입니다.

이미 우리는 코로나19 팬데믹을 겪으며 전 지구적 환경 변화와 감염병 충격에 국제사회가 얼마나 취약한지 경험했지요. 이럴 때일수록 공동체 의식이 필요합니다. 국가 간, 세대 간 갈등을 넘어 운명 공동체로 서로를 인정해야만 합니다. 기후변화는 '우리'의 문제이니까요.

4

지구는 지금 기후전쟁 중?

🌡️ 군사 부문 탄소 배출

● 기후 때문에 전쟁이 일어나다

세계 각국이 서로 긴밀하게 얽혀 있는 가운데 기후변화가 기후위기로 현실화하며 피해가 속출하기 시작하자 국가 간 대립과 갈등이 심화되고 있습니다. 각종 자연재해의 원인은 과학적이지만 그 피해는 사회적 문제로 이어지며, 그 파급은 그저 재해에 대한 대응과 복구로 끝나지 않습니다.

예를 들어 인류의 생존에 필수적인 물을 비롯한 각종 자원을 두고 쟁탈전이 벌어질 수 있지요. 또 심각한 감염병이 퍼지면 코로나19 팬데믹 당시처럼 자국 이기주의가 퍼질 우려도 존재합니다.

극단적인 이상기후가 농업과 수산업에 영향을 끼쳐 식량 생산에 차질이 생기고, 삶의 터전이 파괴되어 난민 문제로까지 심화하는 오늘날, 이러한 대립과 갈등을 잘 풀지 못하면 전쟁으로 번지기도 합니다. 2003년부터 2010년까지 아프리카 수단에서 일어난 다르푸르 분쟁도 겉으로는 아랍계 주민과 아프리카계 주민 사이의 갈등으로 알려져 있습니다. 하지만 그 배경에는 기후변화에 따른 자원 부족 문제, 그로 인한 생존 갈등이 깔려 있었지요. 무려 45만 명이나 숨진 이 끔찍한 사건은 21세기 최초의 기후전쟁으로 꼽히기도 합니다. 이처럼 기후변화로 인한 지구 환경의 변화는 단순히 환경의 변화로만 그치지 않습니다.

국제적 갈등의 이면에 기후변화와 관련된 자원 쟁탈전이 있음은 여러 사례를 통해 확인할 수 있습니다. 2022년에 발발한 러시아-우크라이나 전쟁의 원인은 정치적·역사적·경제적 맥락 등 복합적으로 따져볼 수 있지만, 기후변화와 무관하다고 보기 어렵습니다. 지역 간 갈등은 자원 및 영토에 대한 경쟁과 연관돼 있기 마련이고, 기후변화가 식량 생산과 각종 자원 쟁탈 문제로 번지면서 사회적 불안정성이 높아지면 정치적 갈등이 불거질 수 있기 때문이지요. 앞으로 기후변화로 인한 자원 부족이나 물자의 희귀성은 심화되어 지역 간 혹은 국가 간 갈등이 더욱 심해질 수 있습니다.

러시아가 한창 우크라이나를 공습하던 2022년 2월, 제55차 기후변화에 관한 정부간 협의체● 총회에 참석한 우크라이나의 기상 연구원 스비틀라나 크라코프스카 (Svitlana Krakovska) 응용기후연

기후변화에 관한 정부간 협의체(IPCC)
과학자들이 자발적으로 모여 기후변화에 대한 논문과 연구 결과를 종합해 정기적으로 평가 보고서를 발간하는 단체.

구소 소장은 이번 전쟁과 기후변화가 관련돼 있다고 강력히 주장했습니다. 러시아가 기후변화를 일으키는 화석 연료를 팔아 전쟁에 필요한 자금을 마련했다는 것이었죠.

실제로 러시아는 막대한 양의 석유와 천연가스를 수출합니다. 유럽은 전체 석유 사용량의 25%, 천연가스 사용량의 40%를 러시아에서 구매해 왔지요. 러시아는 에너지 자원을 무기로 삼아 유럽 국가들과 협상하곤 했습니다. 러시아-우크라이나 전쟁이 일어난 이후 유럽은 러시아에서 수입하는 에너지 의존도를 줄이고 재생에너지로 더욱 빠르게 전환하기 위해 박차를 가하는 중입니다.

● 국가 안보 문제가 된 기후변화

기후변화는 국가 안보●의 중요한 주제로 자리 잡은 지 오래입니다. 미국 중앙정보국(CIA)은 조지 부시(George W. Bush)가 대통령으로 있던 당시, 「국가 안보와 기후변화의 위협」이라는 비밀 보고서를 펴냅니다. 기후변화로 인해 생존을 위협받으면 국가 간 갈등이 얼마나 증폭될 수 있는지, 때로는 그것이 얼마나 참혹한 전쟁으로 이어지는지를 살펴본 미국 중앙정보국에서는 "조만간 기후변화가 국제 안보에 미칠 위협이 테러리즘을 능가할 것"이라고 예측했지요.

이처럼 과거에는 기후변화가 중요한 안보 문제라는 사실 자체

> **국가 안보**
> 외부의 위협이나 침략으로부터 국가를 지키는 일.

를 비밀로 분류하기도 했지만, 오늘날에는 기후 정책이 곧 안보 정책이라고 할 정도로 누구나 아는 문제이지요.

기후변화가 심화하며 기후위기로 번진 만큼, 앞으로 기후는 다양한 형태로 세계의 평화에 영향을 미칠 것입니다. 앞서 살펴보았듯 자원 부족과 식량 및 원자재 공급 불안정으로 인한 국가 간 경쟁과 갈등이 심화할 뿐 아니라, 환경난민 혹은 기후난민의 수가 급격히 늘어날 것입니다. 기후난민에 의한 대규모 인구 이동은 국제적인 문제로 번져 각국의 안보에 영향을 미치겠지요. 세계의 평화를 위해서라도 기후변화에 대응하려는 국제적인 공조와 협력은 더욱 중요해질 것입니다.

● 베일에 싸인 군사 부문의 탄소 배출

강력한 군사력을 확보하려는 과정에서도 무시할 수 없을 정도의 탄소가 배출되는 것으로 보입니다. 그러나 군사 부문의 탄소 배출은 보안을 이유로 대부분의 정보가 공개되지 않기 때문에 정확히 알아내기가 어렵습니다. 미국, 유럽 등 선진국에서는 2018년 이후 군사 부문도 의무적으로 탄소 배출량을 보고하지만, 배출량을 줄이는 것은 의무가 아니지요.

군사 작전을 목적으로 설계된 항공 모함, 군함, 군용기, 군용차 등 군대의 무기 체계는 기본적으로 효율성과 경제성을 중요하게 여기며, 환경에 미치는 영향력보다는 군사 작전 수행을 최우선 목표로 만들어졌기 때문에 막대한 온실가스를 배출할 것으로 예상됩니다. 제한된

정보로 인해 정확히 파악하기는 어렵지만 군사 부문의 탄소 배출은 전체 배출량의 대략 6% 정도로 추산되지요. 아마도 작전 수행 과정에서 자연 생태계를 파괴하고 탄소를 배출하는 것은 물론이고, 평상시에 발생하는 탄소 배출량 역시 만만치 않을 테죠. 군사 훈련, 운송, 기지 운영, 군사 시설의 유지 보수뿐 아니라 각종 군용차와 항공 모함, 군함 등의 연료 소비로 인해 온실가스가 배출될 것입니다. 폭발물 등 일부 무기는 특정 화학 물질을 사용하여 직접적으로 온실가스를 배출하기도 합니다.

오늘날에는 군사 부문에서도 에너지 효율성을 높이고 신재생에너지를 사용하는 등 온실가스를 감축하기 위한 노력이 다양하게 이루어지고 있습니다. 더 이상 기후변화에 대한 대응을 미룰 수 없는 지금, 군사 부문도 온실가스 배출을 줄이기 위해 함께 노력해야 합니다.

 알아봅시다

21세기 최초의 기후전쟁, 다르푸르 분쟁

다르푸르는 아프리카 수단의 서쪽에 있습니다. 다르푸르 지역의 북쪽은 사막 지대이고, 남쪽은 초원 지대로 이루어져 있지요. 이 지역에는 다양한 인종이 함께 살았는데 크게 아랍계와 아프리카계로 구분할 수 있습니다. 이슬람교를 믿는 아랍계 주민들은 다르푸르의 북쪽에서 유목 생활을 하였으며, 기독교를 믿는 아프리카계 주민들은 다르푸르의 남쪽에서 농사를 지었지요.

본래 다르푸르 지역은 토양이 비옥하여 각종 곡식과 과일 등 농사를 짓기에 좋았습니다. 그런데 지구온난화로 인해 인도양의 수온이 상승하자 그 영향이 다르푸르 지역까지 들이닥쳤지요. 뜨거워진 바닷물이 계절풍에 영향을 미쳐 다르푸르 지역의 강수량에 변화를 가져온 것입니다. 다르푸르에는 극심한 가뭄이 지속됐습니다.

땅이 메마르자 유목 생활과 농경 생활이 모두 어려워졌습니다. 주민들의 삶은 곤궁해졌지요. 그런 와중 북쪽의 아랍계 유목민들이 남쪽의 흑인계 농부들을 약탈하기 시작했습니다. 하지만 수단 정부는 갈등을 해결하는 대신 두 인종 간의 갈등을 방치했을 뿐 아니라, 오히려 아랍계 주민들의 편을 들었어요. 이에 아프리카계 주민들은 분노에 차 반군을 조직했지요. 수단 정부는 아랍계 주민들을 모아 민병대 '잔자위드'를 조직해 싸움을 부추겼습니다. 결국 수십만 명이 목숨을 잃는 끔찍한 참사가 벌어졌지요.

다르푸르 분쟁은 아프리카에서 자주 일어나는 인종 분쟁으로 볼 수도 있습니다. 하지만 극심한 가뭄이 일어나기 전까지는 아랍계 주민들과 아프리카계 주민들이 조화롭게 살고 있었음에 주목할 필요가 있습니다. 가뭄 탓에 척박해진 환경 속에서 주어진 수자원을 어떻게 나눌 것인가 하는 문제를 두고 집단적 이기심이 작동한 것이지요. 거기에 인종 간 갈등을 악용하여 권력을 유지하려 했던 정치인들의 잔혹함이 기름을 부은 셈입니다.

기후변화가 갈수록 심해지며 각종 자연재해가 빈번해지는 오늘날, 다르푸르 분쟁이 우리에게 시사하는 바는 큽니다. 만약 인류가 앞으로 일어날 각종 분쟁에서 다르푸르 분쟁과 마찬가지로 집단적 이기심을 앞세운다면 비극은 반복될지도 모릅니다.

5

목숨을 건 탈출

🌡 기후난민

● 늘어나는 환경난민

기후변화로 인해 원래 살던 지역의 환경이 파괴되어 생존을 위협받고, 그곳을 떠나 이주한 사람들을 '기후난민' 또는 '환경난민'이라고 부릅니다. '생태학적 난민'이라고도 부르지요.

기후변화가 기후위기로 심각해지면서 가뭄, 홍수, 사막화, 해수면 상승 등 환경적 요인으로 인해 거주지를 버리고 떠나야 하는 사람들이 점점 늘어나는 추세입니다. 2019년에만 140개국에서 약 2,490만 명의 기후난민이 발생했지요.

국제이주기구(IOM)는 2009년 제15차 유엔 기후변화협약 당사국 총회에서 기후변화가 계속 심화하면 2050년까지 기후난민의 수가 기하급수적으로 늘어나 최대 약 10억 명에 이를 것으로 예상했습니다. 여기서 10억 명은 2050년 전 세계 예상 인구인 100억 명의 10%에 해당하는 인구입니다. 즉, 10명 중 1명은 난민이 된다는 의미입니다.

지금부터 인류가 아무리 노력해도 기후변화에 따른 극단적인 환경 변화는 당분간 더욱 심해질 것으로 전망됩니다. 더구나 기후변화로 증가하는 자연재해는 서로 얽혀 있으므로 그 상호 작용으로 인한 피해는 더 커질 수 있지요. 이러한 피해는 필연적으로 생물 다양성과 자연 생태계 파괴, 물 부족과 식량난, 난민 문제로 확대됩니다.

이러한 문제들은 개발도상국 등 저소득 국가에만 해당되는 것이 아닙니다. 미국에서는 2021년 극심한 가뭄으로 농작물 피해를 입어 밀 수확량이 33년 만에 최저치를 기록했다고 밝혔지요. 유엔세계식량계획(WFP)에서는 인류가 기후변화에 적절하게 대응하지 못하면 전 세계 기아 인구가 2억여 명이나 증가할 것이라고 경고했습니다. 또 세계기상기구(WMO)는 2050년경 50억 명 이상이 물 부족을 경험할 것으로 전망했습니다.

이렇게 기아와 기근이 심해지면 고향을 버리고 떠나는 기후난민이 증가하기 마련입니다. 앞서 2050년까지 기후난민의 수가 최대 10억 명은 발생할 수 있다고 했는데, 우리나라가 단 5%의 책임만 맡아도 무려 5천만 명이라는 난민을 수용해야 합니다. 이는 현재 우리나라의 인구수에 육박하는 규모죠.

지난 2020년에는 비영리 독립 싱크 탱크●인 경제평화연구소(IEP)에서 「생태학적 위협 기록부 2020」을 발간했습니다. 기록부의 내용에 따르면 2050년이 되면 157개국 중 141개국이 적어도 한 가지 이상의 생태학적 위협에 노출됩니다. 이제 기후변화로부터 안전한 나라는 없다는 의미지요. 141개국 중에서도 19개국은 최소 4개 이상의 생태학적 위협에 노출되며, 피해 인구는 21억 명에 달할 것으로 전망됩니다.

　기후난민은 전 지구적으로 발생하겠지만 그중에서도 특히 많은 난민이 발생할 것으로 예상되는 핵심 지역 6군데가 있습니다. 사하라 이남의 아프리카에서 8,600만 명, 북아프리카에서 1,900만 명, 남아시아에서 4,000만 명, 동아시아와 태평양에서 4,900만 명 정도가 거주지를 버리고 이주할 것으로 예상됩니다.

● 목숨을 건 탈출 행렬

전쟁이 일어나거나 정치적으로 불안정하여 교통, 식량, 의료 등 생활에 기본적인 요소를 누릴 수 없다면, 더 나아가 생명의 위협까지 받으면, 사람들은 결국 자신의 나라를 버리고 난민이 될 수밖에 없습니다. 난민들은 목숨을 걸고 자신의 나라에서 탈출합니다. 수백, 수천 km의 길을 걷거나 수많은 사람들이 작은 보트 하나에 올라타 바다를 건너지요.

그러나 끔찍한 여정에서 살아남아 다른 나라에 도착했다 하더라도 모두 난민으로서 보호받을 수 있는 건 아닙니다. 국제법상 "인종, 종교, 국적, 특정 사회 집단에서 소속 또는 정치적 견해를 이유로 박해를 받게 될 것이라는 충분한 이유가 있는 경우"에 난민으로 인정받을 수 있기 때문입니다. 기후난민은 이 기준에 해당하지 않아 보호받기 어렵지요. 2020년 유엔은 키리바시 국적의 난민들을 최초의 기후난민으로 인정하기도 했지만, 대부분의 기후난민은 난민으로서 적절한 지위를 인정받기 어려운 현실입니다. 따라서 기후난민이 되도록 발생하지 않게끔 노력하는 것이 무엇보다도 중요합니다.

문제는 기후변화에 취약한 국가 대부분이 저소득 국가라서 각종 재난에 대비하기 위한 시설에 투입할 예산이 부족하다는 사실입니다. 이를 해결하기 위해 유엔 기후변화협약 당사국총회에서는 선진국이 개발도상국의 기후변화 적응 비용을 일부 부담하기로 협의했지요.

하지만 현재로서 제대로 실행되지 않는 것이 사실입니다. 코로나 19 팬데믹 당시 세계 각국은 다른 국가보다 빨리 백신을 수입하기 위해 서로 갈등을 빚었습니다. 만약 기후변화에 대응하는 과정에서도 그와 같은 자국 이기주의적 행태를 보인다면 곤란합니다.

기후변화는 국경을 초월한 문제입니다. 전 세계 80억 명의 사람들이 이기주의를 버리고 서로 협력하면서 인류 전체의 번영과 안녕을 추구해야만 감당할 수 있지요. 만약 모두가 협력해 진정한 지구촌을 구현하지 못한다면 인류에게 남은 길은 공멸, 즉 함께 사라지는 길뿐입니다. 국제적인 차원의 협력은 이제 너무나도 절실한 현실입니다.

물론 이는 매우 이상적인 말처럼 들릴 수 있습니다. 해결해야 할 현실적인 장벽 또한 만만치 않지요. 그러나 절실한 만큼, 포기하지 않고 하나하나 이루어가려는 노력이 중요합니다.

프리티오프 난센

프리티오프 난센(Fridtjof Nansen, 1861~1930)은 노르웨이의 과학자, 탐험가이자 정치인, 인도주의자로서 다양한 활동을 펼쳤습니다.

프리티오프 난센은 19세기 말부터 20세기 초까지 목숨을 걸고 북극 탐험을 주도했습니다. 1893년에는 냉동선의 원리를 이용하여 직접 설계한 특수선 '프라물레레호'에 승선하여 북극해 탐험에 나서기도 했습니다. 또한 항해 당시 관측한 내용을 바탕으로 빙하와 해류, 지구 자전축의 이동에 대한 과학적 연구를 주도했습니다.

오늘날 해양 과학 분야에서 해수 시료의 채집에 사용되는 채수기(採水器)에 그의 이름이 붙은 것만 봐도 그가 고안한 채수기가 얼마나 유용한지를 잘 보여주지요.

북극해 탐험 중 유빙의 이동 방향이 바람 방향과 다르다는 점을 관찰한 것도 프리티오프 난센의 업적 중 하나입니다. 이후 스웨덴의 해양과학자 반 발프리드 에크만(Vagn Walfrid Ekman)은 프리티오프 난센의 발견을 바탕으로 바람과 해류에 대한 이론, 즉 에크만 이론을 만들 수 있었지요.

프리티오프 난센은 그린란드와 북극해 등 미지의 세계를 횡단하며 북극의 지리와 기후에 대한 다양한 정보를 수집했습니다. 그가 수집한 지리학적·기후학적 데이터와 분석 결과를 통해 인류는 북극에 대한 과학적 지식을 확장할 수 있었습니다.

프리티오프 난센의 연구와 경험이 아니었다면 인류는 오늘날까지도 해양이 어떻게 지구의 기후를 조절하고 있는지 여전히 이해하지 못했을지도 모릅니다.

프리티오프 난센은 수많은 연구 논문을 발표하는 등 세계적인 과학자로서 명성을 얻었습니다. 또 탐험가로서의 경험을 바탕으로 후배 탐험가들인 로알 아문센(Roald Amundsen)과 어니스트 섀클턴(Sir Ernest Shackleton)에게도 조언을 아끼지 않았어요.

또한 프리티오프 난센은 정치 활동가로도 잘 알려져 있습니다. 그는 노르웨이의 독립 운동에 참여하여 1905년 노르웨이가 독립국 지위를 회복하는 데 중요한 역할을 담당했습니다. 이후 그는 파리조약 회담에 참여하는 등 노르웨이를 대표하는 외교관으로 활동하며 노르웨이의 주권을 인정받기 위해 노력했습니다.

제1차 세계대전 이후, 프리티오프 난센은 국적이 없는 난민을 구제하기 위한 구호 사업을 시작했습니다. 특히 난민을 위한 여권을 발행하는 데 앞장서 45만여 명의 난민을 구제할 수 있었습니다. 그가 세상을 떠난 이후 난센국제난민사무소는 노벨 평화상을 받았지요. 지금도 난민을 위한 여권은 '난센 여권'이라고 불립니다.

프리티오프 난센은 인도주의자로서 인종 간 평등과 인도적 문제에도 큰 관심을 두고, 인종 간의 갈등을 극복하기 위해 많은 노력을 기울였습니다. 또 평화 운동과 국제 협력 및 통합을 강조하며 각종 해결책을 제시했는데, 특히 1922년에는 '러시아 식량 돕기 위원회'를 설립하여 러시아의 기근 피해자들을 돕는 일에 주력했지요. 프리티오프 난센은 인류애와 국제 협력에 대한 공로를 인정받아 1922년 노벨 평화상을 수상했습니다.

미지의 세계를 탐험하며 과학적 발견을 이끌었을 뿐만 아니라, 인류의 평화를 위해 인도적 문제 해결에도 앞장서 공헌한 프리티오프 난센의 가르침은 기후변화로 인한 기후난민이 급격히 늘어나고 있는 오늘날 더욱 큰 울림을 주고 있습니다.

4장

기후행동,
공존을 위해 지금 할 일은?

우주로 떠나면 된다고?

🌡️ 환경 감수성, 생태 중심주의

● 지구를 버릴 능력도, 자격도 없는 우리

2018년에 고인이 된 영국의 물리학자 스티븐 호킹(Stephen William Hawking)은 세상을 떠나기 수개월 전, 사람들에게 지구를 버리고 떠나라고 말했습니다. 지구온난화가 돌이킬 수 없는 시점에 가까워졌다고 판단했기 때문이었죠. 그러나 과연 우리가 지구를 버리고 떠날 수 있을까요?

미국, 중국, 일본, 프랑스, 러시아 등은 우주로 진출하기 위해 꾸준히 노력해 왔고, 현재 미국과 중국을 중심으로 유인 달 탐사 프로젝트가 진행되고 있지요. 우리나라도 2024년에 우주항공청을 신설하는 등 뒤늦게 우주 개발에 박차를 가하는 중입니다.

우주 스테이션
지구를 도는 궤도 위에 있으면서 우주에서의 활동 근거지가 되며 사람이 타고 활동할 수 있는 대형 인공위성.

우주여행이 주로 정부 주도로 이루어졌던 과거와 달리, 최근에는 민간 기업도 우주 산업에 참여하면서 우주여행이 상용화되고 있습니다. 스페이스엑스를 설립한 일론 머스크(Elon Musk) 테슬라 최고경영자, 리처드 브랜슨(Richard Branson) 버진그룹 회장, 제프 베이조스(Jeff Bezos) 아마존 이사회 의장 등 몇몇 억만장자들은 최근 경쟁적으로 우주로 날아오르며 본격적인 민간 우주여행 시대를 열었습니다. 일론 머스크는 2050년을 목표로 초대형 화성 도시 건립 프로젝트를 진행하고 있다는 소식도 들리지요.

민간 우주여행은 우주 관광이라는 새로운 산업을 개척하고 있습니다. 국제 우주 정류장과 같은 우주 스테이션●을 개발하는 방안도 찾는 중이고요. 우주 스테이션은 과학 연구, 산업 등 다양한 목적으로 활용할 수 있지요. 스페이스엑스는 국제 우주 정류장으로 우주 비행사를 이동시키기 위한 우주선을 개발하기도 했습니다. 과학 연구, 통신, 위성 네트워크 등에 활용할 수 있도록 저렴한 소형 인공위성을 발사하고 우주에서 채취할 수 있는 자원을 개발하는 등 우주를 배경으로 다양한 활동과 연구가 진행 중이지요. 머지않아 많은 사람들이 우주여행이라는 꿈을 이룰 것으로 보입니다.

그러나 우주 진출을 위한 각국 정부와 기업의 노력에도 불구하고 여전히 우리에게는 지구를 완전히 버리고 떠날 능력이 없습니다. 그런데 지구를 버리고 떠날 수 있는 능력이 생긴다면, 과연 그래도 될까요? 우리에게 과연 지구를 버리고 떠날 자격이 있을까요?

　인류에게는 지구를 버리고 떠날 능력도 없지만, 무엇보다도 그럴 자격이 없습니다. 오늘날 기후변화 문제를 초래한 당사자이기 때문입니다. 결국 대안 없는 선택지에서 정답을 선택하여 제출해야만 하는 마감 시간이 다가왔지요.

　경쟁적으로 우주여행을 개발하고 새로운 우주 거주지를 찾으려는 노력도 결국 지구와 인류를 구하기 위함이어야 합니다. 환경 위기가 더욱 심각해져서 인류의 절멸이라는 극단적인 상황까지 고려해야 하는 오늘날, 지구를 버리고 탈출하는 대안이 아니라 지구를 구하기 위한 적극적인 행동 즉, '기후행동'이 필요하다는 의미지요.

우주여행을 다녀온 직후 제프 베이조스는 "우주에서 지구를 바라보며 결국 인간이 살 수 있는 행성은 태양계에 지구밖에 없음을 깨달았다"고 소감을 밝혔답니다.

아무리 기술이 최첨단으로 발전해도 우리가 현재 살고 있으며, 앞으로도 살아가야 할 유일한 행성은 지구입니다. 지구를 제대로 보살피고 공존할 책임은 우리 인류에게 있습니다.

● 인류세를 지혜롭게 살아가려면

인간이 지구와 공존하기 위해서는 어떤 노력이 필요할까요? 제일 먼저 인문학적 성찰이 필요할 것입니다. 인간을 위해서라면 환경을 마음껏 착취해도 괜찮다는 인식부터 바꿔야겠지요. 왜, 어떻게 지구의 환경에 문제가 생겼는지에 대한 자연과학적 분석도 뒤따라야 합니다. 그에 대한 실천적인 해법은 매우 광범위한 분야에서 각각 찾아야 합니다. 사회·경제적, 정치적인 해법부터 기술·공학적 해법에 이르기까지, 인류세를 끝내거나 지구와의 공존이 가능한 인류세가 될 수 있도록 근본적인 대전환을 위한 노력이 필요하지요.

무엇보다 탄소 배출을 줄이는 각종 해법을 찾는 일이 중요합니다. 연구자들은 전기 에너지를 생산하는 발전 부문부터, 사람과 물자의 이동을 위한 교통 수송 부문, 산업과 농업 부문 등 모든 부문에서 탄소 배출량을 획기적으로 줄이기 위한 해법을 모색하는 중입니다. 동시에 탄소 배출을 위한 권리를 사고파는 탄소 배출권 거래 제도, 국가

간 교역에서 탄소에 대한 세금을 부여하는 탄소 국경세 등 다양한 사회·경제적 해법도 찾아야 하겠지요.

자연 생태계의 탄소 흡수력을 유지하기 위한 노력도 중요합니다. 산업화 이후 경제 성장을 최우선시하여 지구 환경 보호를 등한시한 결과가 오늘날의 인류세인 만큼, 이제는 환경 감수성을 높여 환경을 물질적인 것보다 우선적인 가치로 삼는 생태 중심주의로 전환해야 할 것입니다. 훼손된 산림을 복원하고 해양 오염 문제를 해결함으로써 육상과 해양의 탄소 흡수력을 다시 증가시켜야 합니다.

기후변화의 속도를 늦추는 노력 외에도 이미 전 지구적으로 변화한 기후에 적응하기 위한 노력 역시 중요합니다. 2050년까지 탄소중립에 도달하는 좋은 시나리오가 현실화된다고 해도 향후 10년 내로 산업화 이전 대비 지구의 평균 온도가 1.5℃ 이상 상승하는 현상은 피하기 어렵습니다. 현재보다 더욱 극단적인 자연재해와 그에 따른 사회적 파급이 지구 곳곳에서 이어질 것으로 전망되지요.

지구를 버리고 떠날 능력도, 자격도 없는 우리에게 다른 선택지는 없습니다. 오로지 '기후변화 완화'와 '기후변화 적응'이라는 두 마리의 토끼를 잡기 위한 기후행동만이 인류의 절멸을 막는 유일한 길입니다.

입에 단 고기가 지구엔 쓰다

🌡️ 채식, 제로 웨이스트

● 늘어난 육류 소비

인류의 육류 소비량은 20세기 중반부터 21세기 초반 사이에 급격히 증가했습니다. 경제 성장과 도시화가 진행되며 식습관이 달라져 점점 더 많은 사람들이 고기를 즐기기 시작했지요. 물론 육류 소비량은 지역별로 차이를 보이며 국가 간에도 그 차이가 큽니다. 저소득 국가에서는 식물성 식품의 소비가 많은 반면, 고소득 국가에서는 육류 소비량이 높습니다.

지나친 육류 소비는 비만, 심혈관 질환, 당뇨병 등을 일으켜 인간의 건강에도 안 좋을 뿐 아니라 지구 환경에도 해롭습니다. 소, 양, 돼지와 같은 가축을 키우는 축산 부문에서 배출되는 온실가스 양을 무

시할 수 없기 때문입니다. 가축을
키우는 과정에서 사용하는 물과
토지의 파괴, 환경오염에 따른 탄
소 흡수력 감소도 문제이지만, 그

로컬 푸드(local food)
장거리 운송 과정을 거치지 않은, 그 지역
에서 생산된 농산물.

보다는 앞에서 살펴봤던 반추동물의 메탄가스 배출을 줄이는 것이 중
요하지요.

최근에는 건강상의 이유나 종교적인 이유 외에도 환경과 동물 복지
에 대한 문제의식을 가지고 자발적으로 채식주의자가 되는 사람이 늘
어나고 있습니다. 이처럼 육류 소비량을 줄여 메탄가스 배출량을 감
축하려는 시도는 의미 있는 기후행동입니다. 로컬 푸드•를 이용하고
제철 음식 위주로 식단을 구성하는 것만으로도 지구 환경에 기여할
수 있으니 누구나 기후행동에 쉽게 동참할 수 있지요.

영국의 의학 학술지 《랜싯(The Lancet)》에 속한 위원회 '잇-랜싯(EAT-
Lancet)'은 미래 식량 확보와 지구 환경 보호를 동시에 달성하기 위해
지속 가능하고 건강한 식단을 장려합니다. 2019년에 발간한 보고서
「지구를 위한 건강 식단」에서는 낮은 단계의 채식주의인 플렉시테리
언(flexitarian)을 실천할 것을 제안했지요.

잇-랜싯은 채식 식단 외에도 기후행동을 두 가지 더 제안했습니다.
바로 음식물 쓰레기를 줄이는 것과 지속 가능한 식량 생산 방법을 개
발하는 것이지요. 현재 인류가 생산한 먹거리의 무려 30%는 그대로 쓰
레기가 됩니다. 이 양을 줄여 원산지로부터 최종 소비까지의 식량 공
급 효율을 높이면 온실가스를 최대 6%나 감축할 수 있지요.

또한 더 많은 탄소를 흡수하고 수자원을 보호하는 새로운 농법을

개발하는 것도 중요합니다. 과학자들은 미래 인구 100억 명을 위한 식량을 확보하면서도, 생태계를 보호하며 땅의 활력을 유지하고 농작물 생산이 지속 가능하도록 하는 새로운 농법을 연구하는 중입니다.

 알아봅시다

채식주의자가 되려면 풀만 먹어야 할까?

유형	과일·곡식	채소	유제품	달걀	어패류	가금류	붉은 고기
프루테리언	○	×	×	×	×	×	×
비건	○	○	×	×	×	×	×
락토	○	○	○	×	×	×	×
오보	○	○	×	○	×	×	×
락토오보	○	○	○	○	×	×	×
페스코	○	○	○	○	○	×	×
폴로	○	○	○	○	○	○	×
플렉시테리언	평소에는 채식을 지향하며, 상황에 따라 육식을 함						

채식주의라고 해서 과일이나 곡식, 채소만 먹어야 하는 건 아닙니다. 채식주의는 그 정도에 따라 다양하게 나뉘지요. 대표적인 몇 가지를 살펴봅시다.

먼저 극단적 채식주의라고 불리는 프루테리언(fruitarian)이 있습니다. 프루테리언은 동물뿐 아니라 식물에도 해를 끼치지 않기 위해 노력합니다. 그래서 과일과 곡식을 직접 수확하지 않고 다 익어서 땅에 떨어진 것들만 먹지요. 만약 프루테리언의 기준에 맞춰 식단을 짠다면 영양소의 결핍이 발생할 수 있기에 주의가 필요합니다.

비건(vegan)은 모든 육식을 거부하는 채식주의입니다. 육류와 생선은 물론이고 우유와 계란, 꿀 등 동물을 통해 얻은 식품은 모두 먹지 않지요. 비건의 기준에 맞춰 식단을 구성한다면 포화지방의 섭취를 낮추고 식이섬유, 비타민, 무기질의 섭취를 높일 수 있습니다. 다만 단백질 섭취가 부족해질 수 있기 때문에 식물성 단백질을 잘 챙겨 먹어야 하지요.

이외에도 비건의 식단에 유제품을 더한 락토(lacto), 유제품 대신 계란 등의 알을 먹는 오보(ovo) 등이 있습니다.

잇-랜싯에서 제안한 플렉시테리언의 경우 유연한 채식주의입니다. 평소에는 채식 위주의 식단을 먹고 가끔 상황에 따라 육류를 섭취하는 것이죠. 예를 들어 매주 한 끼 정도만 돼지고기나 소고기를 먹고, 두 끼는 어류, 두 끼는 닭고기 정도로 식단을 구성하며 나머지 끼니는 철저히 채식으로만 구성할 수도 있습니다.

이처럼 채식의 문턱은 그리 높지 않습니다. 본인의 건강과 상황에 맞게 유연하게 식단을 조절하며 육식 위주의 식단에서 조금씩 멀어질 수 있습니다.

● 당신은 무엇을 먹나요?

육류 소비를 줄이는 건 개인의 선택이며 취향의 문제라서 법이나 제도를 어기지 않는 한 문제 삼을 수는 없습니다. 모두가 비건이 될 수는 없겠지요. 더구나 전 지구적으로 뒤엉켜 있는 문제를 개인의 노력만으로 해결하기에는 무리가 따릅니다. 그보다는 농업과 축산업에 관계된 각국의 정책이 동시다발적으로 변화해야 하지요.

그러나 수많은 개개인의 인식과 행동 변화 없이 정부 정책의 혁신이 저절로 이루어지기를 기대하는 것은 어불성설입니다. 개인이 결정하는 매일매일의 식단은 결국 세계 각국의 농업과 축산업 정책에 영향을 끼치지요. 기후행동, 기후밥상, 기후미식에 관심을 갖고 채식주의를 선택하는 사람들이 점점 많아지면 의미 있는 온실가스 배출량의 감축이 가능합니다.

반추동물의 되새김질 과정에서 직접적으로 방출되는 메탄가스 외에도 소고기 생산에 필요한 물, 목초지 등의 자원 소비 과정에서 탄소가 배출됩니다. 예를 들어 불고기 버거 패티의 단백질 10g을 생산하기 위한 탄소 배출량은 2~10kg이지요. 1인분의 소고기 단백질을 생산할 수 있는 농경지에 다른 작물을 심어 식물성 단백질을 공급하면 4~28명에게 동일한 양의 대체 단백질을 공급할 수 있다는 연구 결과도 있습니다. 대체 단백질원에 해당하는 대두, 콩, 고구마, 견과류, 채소 등을 활용하고, 식물성 우유, 계란 대체제, 대체육 등을 소비하는 사람들이 늘어나면 비건 식품을 포함한 식단이 더 많이 개발되어 지구 환경에 긍정적으로 작용할 것입니다.

당장 비건이 되기 어렵다면 앞에서 소개한 플렉시테리언으로 식단을 구성해 보는 일도 훌륭한 기후행동입니다. 기후변화에 관한 정부 간 협의체는 제6차 평가 보고서를 발간하며 채식이 기후변화에 끼치는 긍정적 영향을 분석하기도 했지요. 보고서에 따르면 완전한 채식을 하는 비건의 경우 온실가스 저감 효과가 가장 크고, 달걀과 유제품을 허용하는 락토오보와 낮은 단계의 채식인 플렉시테리언은 비건보다는 효과가 떨어집니다. 하지만 육식 위주의 식단보다는 환경 보호에 도움이 되지요.

여기서 강조하고 싶은 것은 긍정적이든 부정적이든 지구의 환경은 생각보다 훨씬 더 민감하게 인간의 행동에 반응하며, 이에 따른 파급 효과가 크다는 사실입니다. 그동안은 환경에 부정적인 영향을 미치는 사람들이 많아 지구 환경의 심각한 위기를 초래했지요. 만약 그와 반대로 긍정적인 영향을 미치는 사람들이 늘어나고 사회 전체적인 분위기가 바뀐다면 이 또한 연쇄적인 파급 효과를 통해 지구 환경의 회복에 기여할 수 있을 것입니다.

프랑스의 법학자이자 미식가 장 앙텔므 브리야사바랭(Jean Anthelme Brillat-Savarin)은 "당신이 무엇을 먹는지 말해 달라. 그러면 당신이 어떤 사람인지 알려주겠다"라고 말했습니다. 내가 먹는 것이 나의 실체를 구성한다는 이야기이지요.

이제 우리가 매일 먹고 마시는 것들이 나를 어떻게 변화시키는지도 중요하지만, 지구를 어떻게 변화시키는지에 대해 알아야 할 때입니다. 우리가 무엇을 먹는지에 따라 지구의 미래가 달라질 것입니다.

● 쓰레기를 완전히 없앨 수 있다면

메탄가스는 앞서 소개한 축산 부문을 통해서도 배출되지만 석탄, 석유, 천연가스 생산과 이용 과정에서도 배출됩니다. 무엇보다 폐기물을 처리할 때도 많은 양의 메탄이 배출되지요. 쓰레기를 줄이려는 노력이 기후 문제의 해법에서 중요한 이유입니다.

물론 메탄가스는 인간의 활동과 별개로 자연적으로도 배출됩니다. 탄소가 지구 시스템 안에서 순환하는 탄소 순환 과정에서도 메탄이 발생하지요. 그러나 오늘날 메탄가스가 전례 없는 수준으로 급등한 배경에는 인간의 활동이 있음을 잊지 말아야 합니다. 또한 앞서 영구 동토가 사라지고 대규모 산불이 일어나면 이산화탄소가 증가한다고 했는데, 이 과정에서 메탄 역시 추가적으로 배출됩니다. 대기로 배출되는 메탄가스가 늘어나면 그만큼 우리가 줄여야 하는 메탄가스의 양도 늘어나지요.

같은 질량의 온실가스라도 온실효과에 기여하는 정도는 저마다 다릅니다. 메탄가스는 이산화탄소에 비해 그 온실효과가 20배 이상 강력하지요. 국제사회는 서로 다른 성질의 온실가스를 비교하기 위해 각각의 온실가스를 이산화탄소로 환산하여 비교합니다. 이를 이산화탄소 환산량이라고 부릅니다.

유엔환경계획(UNEP)이 2022년에 발간한 「배출 격차 보고서」에서도 2021년 전 세계 온실가스 배출량을 이산화탄소 환산량으로 설명하고 있지요. 2020년에는 코로나19 팬데믹의 영향으로 온실가스 배출량이 526억 톤으로 줄었다가 2021년에는 다소 늘어난 528억 톤으로 집계되었습니다. 메탄가스는 그중 15~17%를 차지합니다. 이는 전체 온실가스 배출량의 70%를 차지하는 이산화탄소에 비해 비율은 적지만, 메탄가스는 대기 중 체류 시간이 상대적으로 짧아 그 감축 효과가 큰 편이므로 우선적으로 감축해야 합니다.

전체 온실가스 중 이산화탄소 배출량의 약 5%와 메탄 배출량의 약

20% 정도가 폐기물 처리 과정에서 발생합니다. 더구나 폐기물의 양은 계속 급증하고 있어 더욱 문제가 되지요. 2020년 기준으로 전 세계 폐기물은 연간 22억 4천만 톤씩 발생한 것으로 추정됩니다. 이 추세라면 2050년에는 73% 더 증가하여 연간 33억 8천만 톤의 폐기물이 발생할 것으로 전망됩니다.

제로 웨이스트(zero waste) 운동은 폐기물 발생을 줄이려는 노력 중 대표적인 사례입니다. 집 밖으로 배출되는 폐기물을 최소화하려는 운동이지요. 제로 웨이스트 운동을 세계적으로 알린 환경 운동가 비 존슨(Bea Johnson)은 폐기물을 줄여 삶을 단순화할 수 있는 가이드라인을 제시했습니다. 그녀가 제시한 제로 웨이스트 실천 방법은 전 세계적으로 많은 개인, 기업, 단체 등이 사용하고 있습니다.

5Rs(Refuse, Reduce, Reuse, Recycle, Rot to achieve)로 알려진 가이드라인의 내용을 살펴보겠습니다. 첫 번째는 '거절하기'입니다. 물건을 구매하거나 음식을 배달시킬 때 비닐, 빨대, 물티슈, 일회용 젓가락 등의 불필요한 물건을 명확히 거절하는 것이지요. 두 번째는 '줄이기'로, 장바구니, 다회용 포장 용기 등을 이용해 불필요한 포장재 등을 줄이는 것입니다.

세 번째는 '재사용하기'입니다. 생활 속 물건들을 재사용이 가능한 물건으로 바꾸고 갖고 있는 물건은 오래 사용하자는 취지이지요. 네 번째 '재활용하기'는 버리려던 물건을 리폼하여 새로운 물건으로 만들거나 분리배출에 더 신경 쓰는 것을 의미합니다. 마지막으로 '썩히기'는 플라스틱처럼 썩지 않는 제품보다는 자연적으로 분해되는 제품을 사용하는 것을 뜻하지요.

업사이클링(upcycling)

폐기물을 단순히 재활용(recycling)하는 차원을 넘어서 새로운 가치를 창출하여 새로운 제품으로 탄생시키는 것.

국내에서도 2020년 이후 환경에 대한 우려가 커지며 제로 웨이스트 운동에 대한 관심이 커지고 있습니다.

이처럼 폐기물 발생량을 줄이는 노력과 더불어 이미 발생한 폐기물을 잘 관리하는 것도 중요합니다. 실제로 세계 곳곳에서 발생하는 폐기물의 3분의 2는 소각되거나 방치되지 않고 재활용되는 것으로 추정되지요. 생태적으로 건강한 폐기물 관리 규정을 마련해 폐기물 관리 효율을 높일 수 있을 것입니다.

또한 업사이클링●센터 등의 설비를 정비하거나 새로운 기술 혁신을 통해 폐기물 관리 효율을 높일 수도 있습니다. 중앙 정부에서도 재원을 투입하고 지원할 수 있지만, 실질적인 차원의 폐기물 관리 프로그램은 주로 지방 정부나 지방 자치 단체에서 각자의 상황에 맞춰 적극적으로 추진해야 할 것입니다.

내가 사는 것이 나를 살린다

🌡 ESG, 그린워싱

● 개인이 할 수 있는 일?

개인적 차원의 기후행동은 중요하지만, 탄소 배출량을 감축하는 데 있어서 그 영향은 미미합니다. 정부와 기업의 역할이 절대적이지요. 기후변화를 걱정하며 혼자서 열심히 일회용 플라스틱 제품을 사용하지 않으려 노력하는 사람은 마치 종이컵에 물을 받아 거대한 빌딩에 난 불을 끄려는 사람과 같습니다.

개인적 차원에서의 기후행동이 그 자체로는 효과가 거의 없기 때문에 노력하지 말자는 의미가 아닙니다. 정부와 기업 차원의 노력이 효과를 거둘 수 있도록 기후행동의 범위가 확대되는 것이 중요하다는 의미이지요.

그린뉴딜(Green New Deal), 그린딜(Green Deal)은 정부 차원의 기후변화 정책을 의미합니다. 기후재난에 대응하기 위한 시설물을 구축하고, 전력 생산을 100% 재생에너지로 바꾸는 것, 건물의 냉난방 비용을 줄이도록 에너지 효율을 향상하고 대중교통을 확충하는 것, 내연기관 자동차를 전기차나 수소차로 바꾸는 것 등은 개인적 차원에서는 할 수 없는 일이지요.

정부 차원의 노력은 미국과 유럽은 물론 우리나라를 비롯한 동아시가 국가들에서도 실행되고 있습니다. 각국은 21세기 중반까지 탄소중립을 달성하겠다고 선언하고 그 이행을 위해 재정을 투입하고 있지요.

기업들도 CSR● 경영을 넘어서 ESG● 경영을 중요시하고 있습니다. 특히 환경을 생각하며 기후행동에 앞장서고 있다는 기업 이미지를 알리려고 노력 중이지요. 그 일환으로 기업 활동에 필요한 전력의 100%를 재생에너지로만 충당하겠다는 RE100(Renewable Electricity 100%) 글로벌 캠페인을 벌이는 기업도 있습니다. 기업 활동에 반드시 필요한 전력을 생산하는 과정에서 온실가스 배출을 최소화하겠다는 기업의 의지를 보여주는 사례입니다.

정부와 기업 차원의 여러 기후행동은 온실가스 배출량을 획기적으로 줄여 기후변화의 속도를 늦추는 동시에 기후변화에 적응하는 데도 크게 기여합니다. 그러나 정부와 기업의 행동이 항상 환

CSR(Cooperate Social Responsibility)
기업의 사회적 책임. 기업이 생산 및 영업 활동 과정에서 환경, 윤리, 사회 공헌, 노동자를 비롯한 사회 전체의 이익을 동시에 추구하는 의사 결정 및 활동을 하는 것을 의미한다.

ESG(Environment, Society, Governance)
환경, 사회, 지배구조의 약자로, 장기적 관점에서 친환경, 사회적 책임 경영, 투명 경영을 통해 지속 가능한 발전을 추구하는 것을 의미한다.

경에 긍정적인 변화를 가져오는 것은 아닙니다. 정치 집단이 추구하는 지향점에 따라, 그리고 기업 경영진의 가치관에 따라 환경이 뒷전으로 밀려나기도 하지요. 바로 이때, 가치의 우선순위를 판단하는 과정에서 개개인의 인식은 매우 중요합니다. 수많은 개인의 인식 변화가 없었다면 과연 그린뉴딜이나 ESG 경영, RE100 캠페인 등이 가능했을까요?

유권자이자 소비자이며 동시에 투자자이기도 한 개인이 한데 뭉쳐 인식을 같이할 때, 정부와 기업에서 긍정적인 변화를 이끌어낼 수 있습니다. 개인적 차원에서 할 수 있는 기후행동의 효과는 미미하지만 수많은 개인이 사회적 차원으로 기후행동을 확대한다면 정부와 기업까지 움직일 수 있다는 의미이지요. 특히 청소년은 기후변화 시대를 살아갈 미래 세대로서 더욱 적극적으로 기후행동의 주체로 나설 필요가 있습니다.

● 그린워싱이 통하지 않는 세상을 위해

ESG 경영을 중시하는 기업에 투자하는 사람들은 ESG와 관련된 지표를 통해 해당 기업의 성과와 위험성을 평가하곤 합니다. 그래서 기업들은 앞다투어 ESG 측면의 성과를 내려고 노력하지요.

이제 금융 시장에서도 기업들이 ESG 요소를 어떻게 관리하고 발전시키는지는 중요한 지점입니다. 환경을 중요하게 생각하는 기업이 더 많은 투자자들의 지지를 얻고, 소비자들 역시 환경을 생각하는 기업의 제품과 서비스를 구매하지요. 이처럼 투자자와 소비자 개개인의 요구와 기업의 ESG 노력이 결합되면 지속 가능한 제품과 서비스가 개발되어 환경에 긍정적인 영향을 미칠 수 있습니다.

이때 우리가 경계해야 할 것이 바로 그린워싱(greenwashing)입니다. 그린워싱이란 친환경을 뜻하는 녹색(green)과 세탁(washing)이 결합된 말로, 위장환경주의를 뜻합니다. 즉, 실제로는 환경친화적이지 않지만 겉으로는 환경친화적으로 보이도록 속이는 것입니다. 심한 경우 아예 데이터를 조작해 소비자를 속이기도 하지요. 기업이 그린워싱의 유혹에 빠지는 것은 그만큼 많은 사람들이 환경 문제의 심각성을 인식하고 있다는 반증이기도 하지만, 그린워싱은 환경에 부정적인 영향을 미치므로 주의가 필요하지요.

2015년 폭스바겐의 디젤게이트는 그린워싱의 대표적 사례입니다. 디젤 엔진은 휘발유 엔진에 비해 이산화탄소 배출량이 적은 반면 질소산화물 배출량은 더 많습니다. 그렇기 때문에 질소산화물을 줄이는 방향으로 규제가 이루어지지요. 당시 폭스바겐은 '깨끗한 디젤'이라며 자신들의 제품을 환경친화적인 제품인 척 대대적으로 홍보했지만, 사실 질소산화물 배출량을 조작했음이 뒤늦게 밝혀져 비판을 받았습니다.

이외에도 그린워싱 사례는 다양합니다. 환경친화적인 척 주장하지만 실제로는 해당 주장과 관련된 실질적 조치를 취하지 않는 경우, 제품이나 서비스의 환경적 이점을 과장하여 광고하는 사례, 무의미한 환경 관련 인증 라벨을 부착함으로써 제품을 환경친화적으로 보이게 만드는 사례, 환경에 부정적인 영향을 숨겨 기업 활동의 환경적 영향을 감추는 사례 등이 대표적이지요.

그린워싱은 소비자를 혼란스럽게 만들고 환경 보호에 진심인 기업들의 노력을 무시하는 결과를 가져올 수 있으므로 경계해야 합니다. 눈 가리고 아웅에 속지 않으려면 소비자들은 제품이나 서비스의 환경적 이점을 확인할 때 신뢰할 수 있는 자료를 참고해야겠지요. 또한 친환경 관련 인증 라벨이 무의미하게 남용되지 않는지 확인할 필요도 있습니다.

기업에게 그린워싱에 대한 책임을 묻는 소송은 전 세계적으로 크게 증가했습니다. 2015년부터 2022년에 기후소송이 120건 이상 진행되었는데, 그중 기업의 그린워싱을 문제 삼는 소송이 총 81건입니다.

안타깝지만 국내에서는 그린워싱을 행하는 기업과 온실가스를 많이 배출하는 기업을 단속하는 등 기업의 책임 있는 행동을 요구하는 소송이 제기되지 못하고 있지요. 관련 법률 조항이 제대로 마련되지도 않았고, 우리 사회 고유의 기업 친화 문화가 팽배하여 기업에 책임을 묻고자 하는 목소리도 약하기 때문입니다.

지구 환경에 부정적인 영향을 미치는 기업이 수치심을 느끼지 못하고 이들을 상대로 소송을 제기할 길은 없는 상태에서, 오히려 환경 활동가들의 기후행동이 위법한 행동으로 판결받는 상황이 벌어지곤 합니다. 그린워싱이 통하지 않는 사회가 되려면 우선 미비한 관련 법과 규정, 제도 개혁부터 이루어져야 합니다.

● 강력한 소비자의 힘

현재 기후는 인류가 적응하기 어려울 정도로 너무 빠르게 변화하고 있습니다. 이에 잘 적응하여 피해를 최소화하기 위해서는 온실가스 배출량을 급속히 줄여 2050년에 탄소중립에 도달해야 합니다. 그런데 이때 어떤 경로로 온실가스 배출량을 줄여야 할지 고민해 볼 필요가 있습니다.

탄소 예산이란 지구 평균 온도를 산업혁명 이전보다 1.5℃ 혹은 2℃ 이상 오르지 않도록 하는 범위 안에서 배출 가능한 온실가스의 총량을 의미합니다. 따라서 탄소 예산은 탄소중립에 도달하기까지의 과정, 즉 어떤 경로로 온실가스 배출량을 줄일 것인지에 대한 지표이기도 합니다.

이산화탄소로 환산한 연간 온실가스 총 배출량 406억 톤을 2050년까지 일정한 양만큼 줄이는 계획을 세운다면, 매년 약 15억 톤씩 줄여야만 2050년에 탄소중립에 도달할 수 있습니다. 그런데 이 양은 2020년 코로나19 팬데믹 당시 외출을 삼가고 공장, 학교, 직장이 강제로 멈추며 급감했던 온실가스 배출량 감축분에 해당하는 수준이지요. 즉, 매년 15억 톤의 온실가스를 줄여 2050년 탄소중립에 도달하려면 코로나19와 같은 상황을 27년이나 지속해야 한다는 의미입니다.

탄소 예산은 화석 연료 중심의 탄소 문명을 그대로 유지하면서 조금 '절약'하는 정도로는 2050년까지 탄소중립을 달성할 수 없다는 사실을 보여줍니다. 결국 탈탄소 문명으로 대전환하는 과감한 변화가 필요합니다. 다시금 개인적 차원의 일상생활 속 실천보다는 정부와 기업의 역할이 강조되는 지점입니다. 정부와 기업의 변화를 만들어내는 힘은 개개인의 선택에서 나오기 때문에 개개인의 인식 전환도 중요할 것입니다.

최근의 소비자는 제품과 서비스를 구매할 때 품질, 가격, 브랜드 이미지뿐만 아니라 환경, 사회, 윤리적 측면을 고려하는 경향이 있습니다. 소비자들의 이러한 가치관 변화는 기업의 비즈니스 전략과 운영에 영향을 주지요. 기업들은 소비자의 요구를 충족시키기 위해 비즈니스 모델을 바꾸고 사회적 책임을 다하며 환경에 긍정적인 방향으로 변화합니다. 결국 소비자가 중요하다는 의미입니다.

물론 전 지구적 기후변화를 해결하기 위한 모든 해법과 권력이 소비자에게만 있다는 것은 결코 아닙니다. 그러나 소비 방식이 달라지면 생산과 유통 역시 변할 수밖에 없습니다. 소비자의 변화가 기후변화를 위한 중요한 출발점임은 분명해 보이지요.

80억 분의 1에 불과한 한 개인의 실천이지만, 한 사람의 기후행동은 다른 누군가에게 영향을 미칩니다. 그리고 더 많은 개인의 기후행동은 기업과 정부의 변화를 동반하는 기후행동을 가져올 수 있지요. 인위적 기후변화를 가져온 원인 중 하나인 대량 생산 시스템도 욕망에 휘둘리는 소비자들의 과다한 소비가 없었다면 애초부터 성립되지 않았을 것입니다. 소비자들의 인식 변화가 절실히 필요한 이유입니다.

지구를 생각하는 소비는 행복, 풍요, 부에 대한 관점을 바꾸는 데서 시작됩니다. 지금껏 우리는 '많을수록 풍요롭다'라고 생각해 왔지요. 충분함을 넘어 지나치게 많이 공급하고, 지나치게 많이 소비하는 과잉 상태가 미덕이라고 여겼습니다. 그러나 기후위기에서 더 나아가 기후비상에 처한 오늘날은 그 관점을 바꾸어 인간과 지구의 공존을 생각하는 탈소비주의적 관점이 요구되는 시대입니다.

4

지구를 위하는 전기?

🌡 재생에너지, RE100

● 발전 부문의 탄소 배출

온실가스 배출량을 부문별로 구분할 때 전력과 열, 수송 등을 포함하는 에너지 부문은 전체의 70% 이상을 차지할 정도로 그 비중이 큽니다. 현재 인류가 사용하는 주요 에너지원인 석유, 석탄, 천연가스 등은 온실가스를 내뿜는 화석 연료이기 때문이지요.

그리고 핵 발전도 에너지 전환에서 고려해야 할 부분입니다. 핵 발전은 화석 연료에 비해 온실가스 배출량은 적으나 핵 폐기물을 발생시키고, 체르노빌 원자력 발전 사고와 후쿠시마 원전 사고와 같은 참사를 일으킬 수 있기 때문입니다.

에너지 전환은 기후변화에 대응하고 환경과 생태 위기 문제를 해결하고자 에너지원을 친환경 에너지로 바꾸는 것을 의미합니다. 기후변화를 가져온 온실가스 배출이 문제이니 온실가스 배출이 없거나 온실가스 배출을 최소화하는 전력 생산 방식으로 전환하자는 의미일 뿐, 전기 자체를 아예 사용하지 말자는 이야기가 아닙니다.

화석 연료를 대체할 에너지원으로 재생에너지가 주목받고 있습니다. 재생에너지란 자연적으로 보충되어 계속 사용해도 무한에 가깝도록 다시 공급되는 에너지를 말합니다. 우리가 지금까지 많이 사용해 온 석유, 석탄, 천연가스 같은 화석 연료와 핵 발전에 사용되는 우라늄 같은 광물은 총량이 유한하지요. 반면 태양광, 풍력, 수력, 지열, 조력, 파력, 해수 온도차 등을 이용한 발전 방식은 에너지를 거의 무한하게 생산할 수 있습니다.

태양광 발전에 사용되는 태양광 패널에는 태양에너지를 전기 에너지로 변환하는 기술이 적용되어 있습니다. 태양광 패널과 관련한 기술은 매우 빠르게 발전하고 있으며 설치 가격도 낮은 편입니다. 이미 많은 국가에서 태양광 발전 사용을 점차 늘려가는 중이지요.

풍력 발전 역시 풍력 터빈 관련 기술의 발전에 힘입어 매우 빠르게 성장하고 있습니다. 다만 대형 날개가 계속 돌아가며 소음을 발생시키기 때문에 도시에는 적합하지 않은 발전 방식입니다. 게다가 지속적인 강풍이 불어야 효율이 높은 발전이 가능하므로 입지 여건을 고려해야 하지요. 장애물이 없고 바람이 많이 부는 곳 즉, 바닷가는 풍력 발전소 설치에 알맞은 장소입니다. 이에 전 세계적으로 해상 풍력 발전소가 많이 건설되는 중이지요.

수력 발전은 강물의 흐름이나 저수지를 이용하여 전기를 생산하는 방식으로, 오랜 기간 사용되어 온 재생에너지입니다. 여전히 많은 국가에서 중요한 에너지원으로 사용하고 있지요.

지열 발전은 지하에서 나오는 열을 활용해서 에너지를 만드는 방식으로 지역적 특성을 고려하여 활용되고 있습니다.

대표적 재생에너지인 태양광 발전을 석탄 화력 발전과 비교해 볼까요? 화석 연료를 사용하는 발전기는 지난 130여 년 동안 그 방식이 거의 변하지 않았습니다. 다만 규모가 더 커져 더욱 많은 냉각수를 필요로 하며, 전보다 더 큰 소음을 발생시키지요. 화력 발전소의 경우 주요 대기 오염원이기도 합니다. 이러한 이유 때문에 화력 발전소는 일반적으로 인구 밀도가 낮은 곳에 건설되지요. 도시에서 멀리 떨어진 화력 발전소로부터 도시로 전기를 공급하기 위해 대형 송전탑과 변전소를 지어야 하는 단점도 있습니다.

반면 태양광 발전은 소음과 분진을 발생시키지 않고 냉각수도 필요 없지요. 도시의 건물 옥상부터 주차장, 도로 주변 등 평소 잘 사용하지 않는 토지에 설치할 수 있다는 점도 주요한 장점으로 꼽힙니다.

탄소 배출량을 감축하기 위한 목적 외에도 수도권 대기질 문제 때문에 석탄 화력 발전소는 이미 법적으로 새로 건설하는 게 불가능합니다. 핵 발전소 역시 핵 폐기물과 사고 위험성 때문에 건설이 쉽지 않지요. 이런 상황 속에서 태양광 및 풍력 등의 재생에너지를 빠르게 도입한다면 기존의 석탄 화력 발전소와 핵 발전소 중심으로 만들어진 송전망이 필요 없어지므로 자연스럽게 에너지 수송 단계에도 변화가 일어나겠지요.

에너지 발전 방식의 빠른 전환이 요구되는 것은 기후변화에 대한 대응이라는 대전제에서 비롯된 것이지만 경제적인 이유도 있습니다. 앞서 소개한 RE100 등 글로벌 캠페인과 함께 국제사회의 압력이 더욱 거세지고 있기 때문입니다. 예를 들면 아이폰과 아이패드 등을 만드는 애플은 2030년까지 탄소 배출량을 75% 감축하겠다는 목표를 수립했습니다. 이에 따라 애플에 부품을 공급하는 업체들에게도 2030년까지 RE100을 달성할 것을 요구했지요. 애플에 반도체를 납품하는 국내 기업들은 애플과 계속 계약을 유지하기 위해서라도 RE100 캠페인에 동참할 수밖에 없습니다.

그러나 국내 재생에너지 발전 비중은 고작 7~8%에 불과해 RE100을 달성하기에 턱없이 부족합니다. 우리나라는 여전히 전체 에너지 발전량의 40% 이상을 석탄 화력 발전을 통해 충당하고 있지요. 석탄 수출국인 호주와 제조업 강국인 독일을 제외하면, 우리나라는 대부분의 선진국들보다 석탄 화력 발전 의존도가 매우 높은 편입니다. 국내 기업들의 경쟁력을 고려할 때 에너지 발전 부문의 빠른 전환은 갈수록 더욱 중요한 문제로 부각되고 있습니다. 정부와 기업 차원의 노력이 시급한 때이지요.

● 전기 요금이 급등하는 이유

그렇다고 온실가스 배출을 줄이고자 무턱대고 화력 발전소의 가동을 멈출 수는 없는 노릇입니다. 전기 공급이 안정적으로 이루어지지 않으면 전력이 부족해져 전기 요금이 급등할 수 있기 때문입니다.

실제로 최근 유럽에서는 전기 요금이 폭등했지요. 그 이유는 복합적인데, 무엇보다 에너지 수요는 늘어났는데 공급은 부족해진 상황이 원인으로 지목됩니다.

국내총생산(GDP)
한 국가 내 모든 경제 주체가 1년 동안 생산한 최종 생산물의 시장가치를 모두 더한 것. 경제 성장을 비교하는 데 사용된다.

코로나19 팬데믹이 끝난 이후 사태를 회복하는 과정에서 에너지 수요가 급격히 늘었습니다. 유럽은 에너지원의 상당 부분을 러시아에서 수입해 왔는데, 러시아-우크라이나 전쟁이 장기화되며 에너지 수급이 불안정해졌어요. 또한 다른 유럽 국가에 전기를 수출하는 프랑스에서 핵 발전소의 절반 이상이 시설 낙후 문제로 가동이 중지되면서 에너지 수급 불안정 문제는 더욱 커졌습니다. 그만큼 에너지 원가가 상승하여 전기 요금이 오를 수밖에 없었지요.

여기에 기후변화에 따른 가뭄이 극심해지며 수력 발전량마저 감소하며 전력 부족 현상은 더더욱 심화됐어요. 결국 유럽 각국은 전기 요금을 조정하는 한편, 재정 지원, 규제 강화 등의 정책을 추진했습니다.

원래 유럽 국가의 전기 요금은 우리나라에 비해 높은 편이었지만 지금껏 안정적으로 관리되어 큰 문제를 일으키지 않았습니다. 그런데 최근 영국의 경우 에너지 비용이 2배나 상승했고 정부 지원까지 줄어들면서, 2023년 봄에는 전기 요금이 20% 더 인상되었습니다. 영국 국내총생산●의 2% 수준이던 에너지 비용이 8%까지 올랐지요. 이는 한 가정의 월 소득 중 전기 요금이 차지하는 부담이 그만큼 늘어났음을 의미합니다. 그래서 수백만 명이 에너지 빈곤 상황에 처했습니다. 영국 정부가 에너지 공급 업체에 보전해 주어야 하는 재정 규모도 급등했지요.

다른 유럽 국가들도 사정은 크게 다르지 않습니다. 영국 정부의 에너지 관련 비용 지출은 GDP 대비 3~4% 수준이지만 이탈리아와 네덜란드는 5.1%, 독일은 무려 7.4% 규모의 에너지 관련 정부 지출을 결의했습니다.

우리나라도 2022년부터 전기 요금이 꾸준히 오르는 중입니다. 에너지 가격이 국제적으로 급상승하며 전기 요금의 원가가 크게 인상되었으나 한국전력공사는 이를 전기 요금에 반영하지 않아 적자가 계속 누적되었지요. 한국전력공사는 2022년에만 32조 6,000억 원의 적자를 기록했습니다. 적자의 규모가 너무 커지자 결국 전기 요금을 올렸지요. 그러나 최근 인상된 전기 요금은 한국전력공사에서 올리고자 했던 전기 요금 인상안의 절반에도 못 미치는 수준입니다.

한국전력공사의 적자가 대부분 화석 연료의 가격 상승 때문이었음을 눈여겨봐야 합니다. 가스는 300%, 석탄은 500% 가까이 가격이 급등했지요. 화석 연료의 93%를 수입에 의존하는 우리나라는 국제적인 에너지 위기에 취약할 수밖에 없습니다. 재생에너지로의 전환과 동시에 안정적인 전력 수급을 고민해야 할 때입니다.

● **빠르게 성장하는 재생에너지 시장**

앞에서 살펴본 전기 요금 문제와 같이, 재생에너지로의 전환은 경제적인 이유로도 너무나 시급한 과제가 되었습니다. 앞으로 온실가스 감축과 재생에너지로의 전환을 강제하기 위한 다양한 장벽이 만들어질 것이기에 그에 대비해야 하지요. 물론 재생에너지로의 전환에는 큰 비용이 투입됩니다. 그러나 이 비용을 투입하지 않고 무임승차를 하려는 국가가 많아진다면 기후변화 극복은 불가능할 겁니다.

그런데 우리나라는 아직까지 재생에너지 발전에 그리 적극적이지도, 앞서 있지도 못한 상황입니다. 2021년 기준 우리나라의 재생에너지 발전 비율은 8%입니다. 경제협력개발기구(OECD) 38개 회원국 가운데 유일하게 재생에너지 발전 비율이 한 자릿수에 머물고 있지요.

이는 온실가스나 핵 폐기물을 배출하는 석탄(34.3%), 가스(29.2%), 원자력(27.4%)을 활용하는 발전 비율에 비해 한참 뒤처진 수치입니다. 국가 차원에서 이미 RE100을 달성한 아이슬란드나 재생에너지 비중이 벌써 과반을 차지하는 덴마크, 스웨덴 등의 북유럽 국가들과는 대조적이지요. 심지어 중국과 일본도 재생에너지 발전 비율이 각각 29%, 22%로 우리나라보다 월등히 높습니다.

무엇보다도 재생에너지를 확대하기 위해 열심인 다른 경제협력개발기구 회원국들과 달리 우리나라의 행보는 반대 방향으로 향하고 있으니 걱정이 크지요. 독일은 러시아-우크라이나 전쟁 와중에도 2022년 재생에너지 발전 비중을 42%에서 47%로 올렸습니다. 2030년에는 80%, 2035년에는 100%까지 올리는 것을 목표로 하는 법안까지 통과시킨 상태입니다. 2021년만 해도 태양광 발전 비중이 3% 초반이던 미국 역시 2035년까지 40%로 그 비중을 늘리려 계획을 세웠습니다. 실제로 2022년 1년 동안에만 태양광과 풍력 발전 비중을 16%나 늘렸지요.

전 세계적으로 재생에너지로의 전환 속도는 앞으로도 매우 빨라질 것으로 보입니다. 국제에너지기구(IEA)는 2023~2027년 동안 재생에너지 발전량이 2,400GW(기가와트, 1GW=10억 W)까지 늘어날 것이라 전망했는데, 이는 지난 5년보다 85% 증가한 수준이지요. 앞으로 5년 동안 확충될 발전량 중 재생에너지 비중은 무려 90%에 달하며, 2025년 이면 전 세계 재생에너지 발전 비중이 38%로 증가해 현재 최대 에너지원인 석탄을 추월할 것이라고 합니다. 국제에너지기구가 꼽은 재생에너지 주도국은 중국, 유럽연합, 미국, 인도 등입니다.

5

휘발유 없는 세상이 올까?

🌡️ 전기차, 탄소중립 도시

● **교통 부문의 탄소 배출**

교통 수송 과정에서 직접적으로 배출되는 온실가스를 줄이는 노력
의 핵심은 교통 수송 부문에서 사용하는 에너지를 친환경 에너지로
전환하는 것이라고 볼 수 있습니다.

휘발유와 경유를 이용하는 내연기관 자동차를 전기차로 전환하
면 연료 공급망까지 함께 바뀌지요. 2022년 말 기준, 전국에는 1만
1,144개의 주유소가 운영 중입니다. 특히 고속도로처럼 차량 이동이
많은 곳에는 약 30km마다 주유소가 설치된 상태이지요. 금방 주유할
수 있는 내연기관 자동차와 달리, 전기차는 충전 시간이 수십 분에서 수
시간이 걸리니 더 많은 충전 시설이 필요합니다. 이에 정부는 2030년까

지 전기차 420만 대를 보급하는 데 대비하여 충전기를 123만 기 설치하겠다고 목표를 세웠습니다. 촘촘한 충전 인프라 없이는 전기차 대중화도, 교통 수송 부문의 온실가스 감축도 어렵기 때문입니다.

주요 탄소 배출 원인의 하나로 꼽히는 교통 수송 부문의 기후변화 대응은 도로와 철도 운송, 항공 운송, 해상 운송 등 다양한 교통수단을 이용하는 과정에서 화석 연료 사용을 줄이는 방향으로 진행 중입니다. 휘발유나 디젤 연료를 연소하는 과정에서 발생하는 이산화탄소 등 온실가스 배출을 줄이는 게 목표이지요. 도시화와 인구 증가로 내연기관 자동차의 이용이 늘어난 데 따른 온실가스 배출량 증가 문제를 해결하려는 것입니다.

대표적인 노력으로 전기차와 수소차를 도입하여 내연기관 자동차 운행을 줄이는 방법, 대중교통 수단을 개선하고 확충하여 개인의 차량 이용을 줄이고 이동 효율성을 높이는 방법, 도시 내 자전거 인프라와 보행로를 확충하는 방법, 항공기, 기차, 배 등의 운송 수단의 연료 효율을 높여 온실가스 배출을 최소화할 수 있도록 개선하는 방법 등을 꼽을 수 있습니다.

탄소중립을 위해서는 석유 등 화석 연료에서 에너지를 얻는 대신 전기에서 에너지를 얻는 '에너지의 전기화'가 중요합니다. 에너지원이 전기로 대체되면 그에 필요한 전기만 탄소가 배출되지 않는 친환경 방식으로 생산하면 되니까요.

전기화의 대표적인 사례가 전기차입니다. 국제청정교통위원회(ICCT)의 2021년 보고서에 따르면, 유럽처럼 이미 재생에너지 발전 비중이 높은 국가에서는 물론 중국과 인도처럼 석탄 화력 발전 비중이 높은 국가에서도 전기차의 생산, 운행, 폐기 등 전 주기에서 배출하는 온실가스 배출량이 내연기관 자동차의 경우보다 월등히 적다고 하지요. 배터리를 사용하는 전기차는 동급 가솔린 자동차에 비해 약 60~70% 정도(유럽과 미국) 또는 19~45% 정도(중국과 인도) 더 적은 온실가스를 배출했습니다.

중국과 인도는 아직 석탄 화력 발전 비중이 높아 배터리 충전에 필요한 전기 생산 과정에서의 온실가스 배출이 상당한데도, 가솔린 자동차의 온실가스 배출량에 비해서는 더 적다는 뜻이지요. 내연기관 자동차는 엔진의 열 손실과 동력 전달 장치에서 손실되는 에너지가 많아 효율이 떨어지기 때문입니다. 전기차는 직접 모터를 구동함으로써 동력 전달 장치를 단순화했고, 브레이크 사용 시에도 회생 제동 기능을 이용해 에너지 효율을 월등히 높였지요.

그러나 에너지 효율을 높이는 것보다 더 중요한 것은 앞에서도 강조했던, 인간과 지구의 공존을 생각하는 탈소비주의적 관점입니다. 전기차로 바꿔 에너지 효율을 높이고 온실가스 배출량을 줄이더라도 자동차 소비가 계속 증가하고 전체 차량 수가 늘어나면 기후변화를 완화하기가 더욱 어렵겠지요. 자동차를 만들기 위해 철강 등 각종 재료를 생산하고 조립 및 폐기하는 과정에서 에너지를 소비하며 유해 화학 물질을 배출할 수밖에 없기 때문입니다. 따라서 전기차로의 전환과 동시에 고민해야 하는 것은 자동차 사용 자체를 줄이는 녹색 교통 시스템입니다.

● 전기차만 탄다고 해결되진 않는다

당연히 전기차만 탄다고 해서 기후변화가 해결되지 않습니다. 물론 전기차가 기존의 내연기관 자동차에 비하면 온실가스를 감축하는 환경친화적 대안임에는 틀림없지만, 그외에도 고려할 것들은 많지요. 전기차의 온실가스 배출은 발전 과정, 충전 인프라, 제조, 생산 및 폐기 과정에 따라 달라집니다.

RE100을 달성한 경우라면 전기차의 이동 과정에서 온실가스 배출이 전혀 없겠지요. 하지만 우리나라처럼 석탄 화력 발전에 많이 의존하는 경우에는 전기 자체를 생산하는 과정에서 이미 온실가스가 꽤나 많이 배출된 셈입니다. 만약 충전 인프라가 재생에너지를 사용하는 곳이라면 환경에 부정적인 영향을 훨씬 덜 미치며 전기차를 이용할 수 있겠지요.

또 전기차와 그 배터리를 생산하는 과정에서 화석 연료가 사용되어 온실가스가 배출될 수 있습니다. 뿐만 아니라 전기차 배터리를 재활용하고 폐기하는 과정도 지구 환경에 부담을 주는 게 사실이지요. 재생에너지원을 이용하여 발전하는 것 외에도 충전 인프라를 개선하고 충전 효율성을 높여 전기차의 생산, 운행, 폐기 등 전 주기에서 배출되는 온실가스 배출량을 줄이기 위한 노력이 절실합니다.

무엇보다 자동차 사용 자체를 줄일 수 있는 녹색 교통 시스템을 구축하는 일이 중요합니다. 인공 지능과 빅 데이터를 활용하여 교통 흐름을 최적화하고 차량의 과도한 소비를 줄이는 스마트 도시를 개발함으로써 온실가스 배출량을 줄이는 것이 가능하겠지요.

전 세계 육상 면적에서 도시가 차지하는 비율은 약 2%에 불과하지만 도시 거주 인구는 과반을 넘었습니다. 2050년경이면 전 세계 인구 수의 약 75%가 도시에서 살 것으로 전망됩니다. 현재 전체 전력의 약 75%를 도시에서 사용 중이며 탄소 배출의 75%도 도시에서 이루어진다고 합니다. 도시 전반을 탄소중립 도시로 전환하려는 노력이 진행 중인 것도 바로 이런 이유 때문입니다.

탄소중립 도시란 탄소중립 계획 및 기술 등을 적극 활용해서 탄소 중립을 공간적으로 구현하는 도시를 말합니다. 이를 구현하려면 먼저 탄소 배출량 데이터를 통해 탄소 공간 지도를 만들어야 합니다. 도시의 가장 하위 단위인 건물과 토지에서 얼마만큼의 온실가스가 배출되는지 정확히 이해하고 공간을 분석하는 것이지요. 이러한 분석을 바탕으로 탄소 배출량을 예측할 수 있어야 합니다. 또한 배출량을 줄이기 위한 각종 계획과 정책을 수립한 뒤, 미래 예측 결과를 다시 반영하며 정책을 조율하는 과정이 필요합니다.

이미 정부에서는 2022~2028년에 걸쳐 총 7년 과제로 정보 통신 기술(ICT) 기반의 디지털 탄소중립 도시 건설을 추진하고 있습니다. 스마트 도시는 탄소중립의 요건으로 제시된 데이터 분석, 예측, 피드백을 가능케 하기에 탄소중립 도시를 구현하기 적합한 개념입니다. 도시 내에서 발생하는 탄소의 대부분은 에너지 부문 즉, 건물과 수송에서 발생하기 때문에 스마트 건물 시스템을 통해 에너지 사용량을 실시간으로 모니터링하고 스마트 교통 시스템을 통해 효과적으로 교통 흐름을 최적화하며 온실가스 배출량을 관리할 수 있지요.

전기차 외에도 에너지의 전기화가 중요한 분야는 건축 분야입니다.

216

우리나라의 2022년 온실가스 배출량 중 건물 부문이 차지하는 비중은 약 7.4%로서 37.6%를 차지하는 산업 부문이나 32.7%를 차지하는 발전 부문에 비해 적습니다. 하지만 탄소중립 달성을 위해 절대 무시할 수 없는 수치지요.

국제에너지기구에서는 2025년부터 화석 연료 보일러를 새로 설치하지 말 것을 권고했지요. 기존의 석유, 가스 보일러는 전기를 이용한 히트펌프 보일러나 수소 난방 시설로 전환될 예정입니다. 이미 유럽에서는 2021년을 기준으로 히트펌프 보일러의 누적 판매량이 1,698만 대에 달해 전체 난방 시장의 14%를 차지할 정도입니다. 동시에 기존 전기 설비의 효율을 높이기 위한 노력도 병행되어야 합니다. 예를 들면 백열전구를 전기를 10배 덜 사용하는 LED 전구로 대체하는 방법 등이 있습니다.

기존 건축물을 수리해서 에너지 성능을 높이고 효율을 개선하는 일을 '그린 리모델링'이라고 하는데, 건물 부문의 온실가스 배출량을 줄이기 위해 앞으로는 그린 리모델링이 늘어날 전망입니다.

냉난방 효율을 높이고 온실가스 배출을 줄이기 위해서는 단열과 기밀이 중요합니다. 국내 건축물의 단열재 기준은 1980년에야 만들어져 그 전에 지어진 건물은 사실상 단열이 잘되지 않지요. 그 이후에도 단열 기준이 점진적으로 강화되어 건물 준공 연도가 단열 정도를 의미하는 경우가 많다고 합니다.

창호를 개선하거나 열교환기 성능을 높여 열 배출을 줄인 콘덴싱 보일러로 교체하는 노력은 모두 냉난방 효율을 높이기 위한 시도라고 할 수 있습니다. 과거에 많이 사용했던 나무나 알루미늄 창호에 비해 열전도도가 낮은 PVC 창호는 단열 효과가 우수하지요.

궁극적으로는 건축물의 에너지 사용량을 최소화하는 '제로에너지 건축'으로의 변화가 진행 중입니다. 대형 사무용 빌딩의 에너지 사용량을 모니터링하면서 에너지 사용이 없는 층의 냉난방과 조명을 제어하거나, 외부로 나가는 공기의 열을 회수하는 장치를 사용하는 것, 지열을 활용하는 냉난방 장치나 태양광 발전 설비를 구축하는 것 등 제로에너지 건축에도 다양한 기술이 적용됩니다.

국내에서는 건물의 에너지 자립률에 따라 20~40%의 에너지 자립률에 해당하는 5등급부터 100% 이상 에너지 자립률을 보이는 1등급으로 등급이 나뉩니다. 2020년부터 총 면적이 $1,000m^2$ 이상인 신축 공공 건축물에는 5등급 이상 적용이 의무화되기도 했지요. 2050년에는 모든 신축 건축물이 1등급 수준의 제로에너지 건물 인증을 받도록 하는 것을 목표로 세우고 있습니다.

● **탄소를 배출하려면 돈을 내시오!**

탄소중립 도시로 전환하기 위해선 어떤 노력이 더 필요할까요? 앞에서 언급한 전기차와 그린 리모델링 등에 적용되는 여러 기술·공학적 해법을 찾는 것과 동시에 사회·경제적인 변화도 필요합니다.

대표적인 사례가 탄소 가격 제도입니다. 탄소는 대기 중 존재하는 기체일 뿐 재화가 아니지만, 탄소에 가격을 붙여 돈을 주고 탄소를 구매하도록 함으로써 경제 활동 과정에서 배출되는 탄소에 비용을 부과하는 제도이지요.

탄소 가격 제도는 두 가지 방식으로 가능합니다. 첫 번째는 탄소 배출의 사회적 비용을 정부가 계산해서 세금 형태로 부과하는 탄소세입니다. 석유를 구매할 때 정부에 세금을 지불했던 것처럼 탄소 배출에 대해 세금을 지불하는 것이지요.

두 번째는 온실가스를 배출할 수 있는 총량을 정해놓고 그 범위 내에서 배출할 권리를 시장에서 거래하도록 하는 배출권 거래 제도입니다. 특정 기업이 기업 활동 과정에서 미리 할당된 양 이상으로 탄소를 배출하려고 할 때 다른 기업에 비용을 지불하고 배출 허가권을 구매하는 방식이지요.

핀란드는 이미 1990년에 세계 최초로 탄소세를 도입했고, 유럽연합에서는 2005년부터 배출권 거래 제도를 도입했습니다. 2023년 기준으로 전 세계 80여 개 국가나 지방 정부에서 탄소 가격 제도를 시행 중이지요. 우리나라는 2015년부터 매우 제한된 방식으로 배출권 거래 제도를 도입했습니다.

탄소 가격 제도는 시장의 원리를 이용해 온실가스 배출을 줄일 수 있어 경제학자들이 선호하는 방법이지만 전 세계적으로 가격이 매겨진 탄소는 고작 20% 수준입니다. 그나마도 톤당 20~30달러로 매우 저렴하지요. 탄소 배출로 인한 광범위한 피해 규모를 알맞은 가격으로 합의하는 일이 어렵기 때문이기도 하고, 기존 화석 연료 기업들과 탄소 집약적 산업 부문에서의 반발이 크기 때문이기도 합니다.

또 다른 문제는 국가별로 탄소 배출에 부과하는 비용이 다를 때, 더 많은 탄소 배출 비용을 지불하고 생산한 제품은 그렇지 않은 국가에서 생산한 제품에 비해 가격이 더 비싸다는 점입니다. 기후변화 대응에 더 적극적인 국가의 기업이 경쟁력을 잃는 역설이 발생하지요. 이런 모순을 막고자 유럽에서 최근 도입한 제도가 바로 탄소 국경 조정입니다. 흔히 '탄소 국경세'라고 알려진 제도이지요.

유럽연합에서는 탄소 국경 조정을 통해 탄소 가격이 매겨지지 않은 상태로 수입되는 제품에는 일종의 관세와 같은 형태로 비용을 부과하기로 했습니다. 탄소 국경 조정 제도는 2023년 10월부터 시범적으로 운영되고 2026년부터는 본격적으로 실시될 예정입니다.

이 제도가 시행되면 유럽 국가들과 달리 탄소 배출 비용을 지불하지 않은 우리나라 기업들이 유럽으로 철강, 석유화학 제품 등을 수출하려면 추가 비용을 지불해야 합니다. 이에 가격 경쟁력을 상실하거나 이윤이 줄어들 수 있으므로 적극적인 대응이 필요합니다. 유럽 국가들과 비슷한 수준으로 탄소 배출 비용을 국내에서 책정해야 하는 것이지요. 탄소 국경 조정은 RE100과 함께 기후변화 대응이 전 지구적인 차원에서 어떻게 이루어지는지 보여주는 사례입니다.

지구는 수술이 무서워

🌡 기후공학, 지구공학

● 지구를 인위적으로 조절한다면

만약 우리가 감기에 걸린다면 어떻게 할까요? 병원에 가서 약을 처방받아 먹지요. 그런데 감기처럼 비교적 가벼운 병에 걸린 게 아니라 다리가 부러지거나 암에 걸리는 등 심각한 상황에 놓인다면 수술을 받아야겠죠.

이와 같이 기후변화라는 심각한 병에 걸린 지구를 수술을 통해 획기적으로 고치려는 시도가 있습니다. 문명을 바꾸는 수준의 기후행동을 실천하는 대신 기후변화를 단박에 완화하는 혁신적인 기술을 개발하려는 접근입니다.

지구 시스템의 물리적·화학적·생물학적 특성을 인위적으로 조절하여 기후변화를 빠르게 완화하려는 기술적 접근을 지구공학이라고 부릅니다. 기후를 의도적으로 조절하거나 바꾸려는 기술적 접근인 기후공학도 지구공학에 포함되지요.

지구공학은 크게 두 가지 방향으로 구분됩니다. 하나는 감속적 지구공학입니다. 대기 중 탄소 농도를 감소시키기 위한 탄소 포집, 활용, 저장 기술(CCUS; Carbon Capture, Utilization and Storage)이 감속적 지구공학에 속하지요.

또 다른 하나는 강화적 지구공학으로, 태양 복사에너지를 직접적으로 반사하거나 흡수해서 지구의 평균 온도를 낮추려는 방법입니다. 강화적 지구공학의 경우 윤리적·환경적·정치적 이슈 등 여러 논란이 뒤따르기도 하지요. 자칫 섣부른 대규모 수술에 따른 부작용이나 후유증으로 인류 전체가 더 큰 위험에 노출될 수도 있기 때문입니다. 따라서 시행착오를 피하고 잠재적 위험과 혜택을 균형 있게 평가하며 신중하게 접근하는 것이 중요하지요.

● 섣부른 지구공학적 접근은 경계해야

여러분은 2013년도에 개봉한 영화 〈설국열차〉를 보았나요? 영화 속 세상은 어쩌다 설국이 되었을까요? 이는 섣부른 지구공학적, 기후공학적 처방의 결과입니다.

영화에서 기후변화가 너무 심각해지자 각국 정부는 기후를 조절하기 위해 CW-7이라는 물질을 성층권에 살포합니다. 영화 속에서 CW-7은 Cold Weather-7의 약자로, 그 정체는 이산화황과 같이 입자가 작은 미세먼지, 즉 에어로졸 물질입니다. 성층권에 살포된 CW-7은 태양 복사에너지가 지표면에 유입하는 것을 차단하여 지구 온난화 속도를 늦추는 데 성공합니다. 하지만 그 부작용으로 전 세계에 지나치게 많은 양의 눈이 내려 설국이 된 것이지요.

영화 속에서나 일어날 일처럼 보이지만 실제로 성층권에 이산화황 등의 에어로졸 물질을 살포하는 방법은 대표적인 강화적 지구공학 방법으로 제시되었습니다. 앞서 2장에서 소개한 것처럼 거대한 화산 폭발로 화산재가 대류권을 통과하여 성층권의 에어로졸 농도를 높이면, 지구로 유입하는 태양 복사에너지가 차단되어 그 결과 지구의 평균 온도가 꽤 낮아졌지요.

성층권에 에어로졸을 살포하려는 시도는 바로 이러한 기후의 자연 변동성으로부터 고안한 강화적 지구공학의 방법입니다. 그러나 성층권에 에어로졸 물질을 살포한다면 단순히 지구의 평균 온도만 낮추는 것이 아니라 강수량과 강설량이 달라지며 또 다른 문제를 가져올 수 있습니다.

이 방법 외에도 우주에 반사경을 설치하여 태양 복사에너지의 일부를 반사하려는 아이디어부터, 해수면에 기포를 많이 만들어 반사율을 높이는 아이디어 등 다양한 방법들이 논의되고 있습니다. 이들은 모두 지구로 유입하는 태양 복사에너지를 줄여 이론적으로 지구의 평균 온도 상승을 억제하거나 낮출 수 있는 방법입니다. 하지만 그에 따른 결과와 효과가 불확실하지요. 지역마다 서로 다른 영향을 끼쳐 지역 간 갈등을 유발할 수 있을 뿐만 아니라, 생태계 전반에 영향을 미치며 생태계의 균형을 깨트릴 위험이 지나치게 큽니다.

　지구공학적, 기후공학적 처방에는 강화적 지구공학 방법만 있는 것이 아닙니다. 감속적 지구공학 중 하나인 CCUS 기술 외에도 해양 내에 파이프를 심어 식물성 플랑크톤의 번성과 대규모 광합성을 유도하는 방법 등 다양한 온실가스 제거 기술이 개발되는 중입니다. 감속적 지구공학의 핵심은 온실가스 배출량을 줄이는 노력과 함께 대기 중 탄소를 포집해서 별도의 공간에 저장하거나 유용한 물질로 전환하는

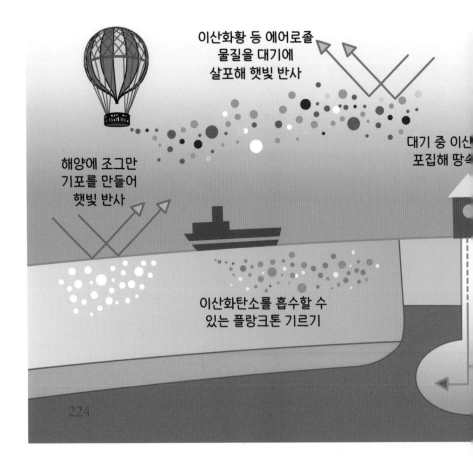

노력을 병행하는 것이지요.

CCUS 기술은 지난 50년간 꾸준히 발전해 온 기술이기도 합니다. 첫 단계인 탄소 포집은 탄소 배출량이 큰 시설에 흡수제 혹은 흡착제를 설치하고 탄소를 걸러내는 방식으로 이루어집니다. 이산화탄소가 공기 중 분산되는 성질을 이용한 것이지요.

뿐만 아니라 대기 중 이산화탄소를 직접 포집하는 기술(DAC, Direct Air Capture)도 개발되고 있습니다. 흡착제가 있는 필터를 사용해 대기

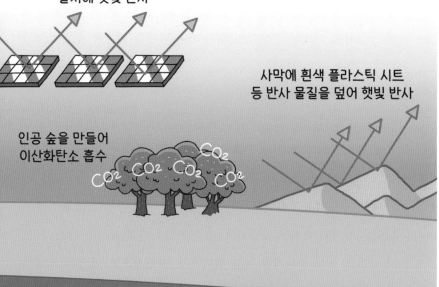

태양과 지구 사이에 반사판을 설치해 햇빛 반사

사막에 흰색 플라스틱 시트 등 반사 물질을 덮어 햇빛 반사

인공 숲을 만들어 이산화탄소 흡수

CO_2 CO_2 CO_2 CO_2 CO_2

중 탄소만 걸러내거나(필터 흡착), 거대한 팬을 돌려 대기를 빨아들이면서 수산화 용액을 뿌려 탄소와의 화학적 결합을 유도하는 방법(화학 흡수) 등을 사용합니다.

국제에너지기구가 2020년에 발표한 내용에 따르면 전 세계에서 총 15개의 DAC 프로젝트가 추진 중입니다. 이를 통해 연간 9,000톤 이상의 탄소 포집이 이루어지는데, 현재의 탄소 배출량으로 볼 때 DAC 프로젝트가 탄소중립에 기여하려면 아직 갈 길이 멀지요.

포집한 탄소는 고압 스팀 가열기로 압축 후 액화 이산화탄소 형태로 가공하여 원하는 장소로 이동시키고 지하 깊숙한 곳에 매립하여 저장합니다. 더 바람직하게는 포집한 탄소를 변형해서 필요한 곳에 재활용할 수도 있지요.

물론 실질적인 탄소중립에 기여하기 위해서는 아직 넘어야 할 난관이 많습니다. 또한 기술적 혁신에만 의존하는 접근이 그리 바람직하지도 않지요. 하지만 온실가스 제거 기술은 탄소 배출량 감축에 크게 기여할 것으로 보입니다.

● 과학에서 출발하는 공존의 해법

사실 가장 효율적이면서 가장 큰 규모로 대기 중 탄소를 흡수하는 능력은 자연이 가지고 있습니다. 오늘날 인류가 배출하는 탄소 중 상당 규모는 육상 생태계와 해양 생태계에 '자연적으로' 흡수되고 있지요. 지구의 생태계가 건강하게 작동한다면 이러한 자연의 탄소 흡수력은 더 높아질 수도 있습니다.

먼저 육상 생태계의 주요 탄소 흡수원인 숲의 경우 약 2조 2,000억 톤의 탄소를 흡수합니다. 이 중 절반 정도는 열대림이, 32% 정도는 북방림이, 14% 정도는 온대림이 흡수하는 것으로 추정됩니다. 앞서 설명한 것처럼 대규모 산불이 발생해서 산림이 불타거나 산림 벌채 및 황폐화로 육상 생태계의 탄소 흡수력이 떨어지고 있는 것은 사실입니다.

그러나 조림과 재조림을 통해 산림을 복원하고 숲을 더 많이 조성함으로써 육상 생태계의 건강을 회복시킬 수 있지요. 조림과 재조림은 이미 배출된 온실가스를 흡수하는 것 외에도 육상 생태계 전반의 건강을 회복하여 생물 다양성 회복과 사막화 방지 등에도 긍정적으로 작용하므로 중요한 자연 기반 해법으로 꼽힙니다.

육상 생태계의 회복 못지않게, 어쩌면 그보다 더욱 중요한 것이 바로 해양 생태계의 회복입니다. 전 지구에서 일어나는 광합성의 절반이 해양에서 발생하는 만큼 해양의 탄소 흡수력은 상당합니다. 안타깝게도 해양 온난화, 해양 산성화, 해양 탈산소화 등으로 해양 생태계 전반의 건강이 악화하며 탄소 흡수력이 감소하는 중이지요.

하지만 매년 약 2억 톤의 이산화탄소가 심해에 격리된다는 점을 고려하면 해양을 활용하는 자연 기반 해법은 엄청난 잠재력을 지닌다고 할 수 있습니다. 해저 식생 서식지 즉, 바다 밑바닥에 식물이 생태계를 이루고 있는 면적은 전체 해저의 0.5% 미만이지만 그 좁은 면적에서 책임지는 탄소 저장량은 어마어마합니다. 바다 아래 쌓여 저장된 탄소 전체의 절반 이상, 잠재적으로는 최대 70%에 달하니까요. 그만큼 해양 생태계는 탄소 저장과 격리에 높은 잠재력을 가진 것이지요.

지금까지 태양 복사에너지 혹은 온실가스 농도를 획기적으로 조절하려는 지구공학적, 기후공학적 기술을 살펴보았습니다. 하지만 무엇보다 자연 생태계의 탄소 흡수력을 높이는 재자연화, 재야생화와 같은 해법이 중요하다는 사실을 잊지 말아야 합니다. 자연 생태계의 건강이 회복된다면 그동안 인류가 망가뜨린 지구 시스템이 자생력을 회복할 수 있겠지요.

또한 어떤 기술·공학적 처방이든 과학적으로 면밀한 진단과 검토가 반드시 선행되어야 한다는 점도 중요합니다. 과학은 증거와 데이터에 기반하여 지구 환경을 진단하고 분석함으로써 복잡한 기후 문제를 해결하는 데 출발점이 됩니다. 사회·경제적 해법을 찾을 때도 그렇지만, 기술·공학적 해법을 찾을 때도 반드시 과학적 데이터를 근거로 해야 합니다.

우리는 기후악당인가, 기후바보인가?

🌡 국가결정기여

● 기후악당이란 오명에서부터 탄소중립 선언까지

지난 2016년, 영국의 기후 연구 기관인 기후행동추적은 세계 4대 '기후악당'을 지목했습니다. 우리나라는 사우디아라비아, 호주, 뉴질랜드와 함께 기후악당이라는 오명을 얻었지요. 우리나라는 세계적으로 온실가스를 많이 배출하는 국가이며, 1인당 온실가스 배출량이 가파르게 증가했기 때문입니다. 바로 그 직전 해인 2015년에 파리협정이 채택되어 모든 국가가 기후변화 대응에 참여하는 보편적 기후체제가 마련된 점을 생각할 때 불명예가 아닐 수 없습니다.

그렇다고 우리나라가 기후변화의 심각성을 모르는 것은 아닙니다. 오히려 기후변화를 새로운 경제 성장 동력을 창출할 기회로 여기고 적극적인 대응을 천명해 왔지요. 2009년에는 '2020년 온실가스 배출 전망 대비 30% 감축'을 자발적인 목표로 제시했고, 2010년에는 저탄소 녹색성장 기본법을 제정하기도 했습니다. 이후 2012년 온실가스 에너지 목표 관리제 실시, 2014년 온실가스 감축 로드맵 수립, 2015년 탄소 배출권 거래 제도 실시 등 기후변화와 관련한 정책을 꾸준히 펼쳐왔지요. 2010년과 2015년에는 '국가 기후변화 적응 대책'을 마련하기도 했습니다. 국제사회에서 이뤄지는 기후변화 협상에서도 우리의 산업 여건을 최대한 반영하면서도 기후변화 대응에 능동적으로 기여하기 위해 노력했지요. 특히 선진국과 개발도상국 사이에 다리를 놓아 새로운 기후체제 창출에 기여해 왔습니다. 여러 차례의 유엔 기후변화협약 당사국총회에 참여하여 파리협정의 세부 이행 규칙을 완성하는 데도 힘을 보탰지요.

선진국뿐만 아니라 모든 국가가 광범위하게 참여하는 새로운 기후체제의 핵심은 자국의 상황을 감안해 마련하는 국가결정기여(NDC, Nationally Determined Contribution)라고 할 수 있습니다. 우리나라는 파리협정 타결에 기여하기 위해 '2030년 온실가스 배출 전망 대비 37% 감축'을 목표로 제출했고, 이 목표치는 2016년 11월 3일에 공식 국가결정기여로 등록되었습니다. 나아가 2021년 4월에는 '2050년 탄소중립'을 선언했습니다. 그리고 그 목표를 달성하기 위해 2021년 영국 글래스고에서 열린 제26차 유엔 기후변화협약 당사국총회에서는 2030년까지 2018년 대비 온실가스 40% 감축을 달성하겠다는 국가결정기여 상향안을 제출했습니다. 이렇게 열심히 계획을 세웠는데 왜 우리나라는 기후악당으로 지목받은 것일까요?

● 선언보다 행동이 중요하다!

선언보다 중요한 것은 계획을 실제로 이행하는 일입니다. 1997년 교토의정서에서 개발도상국으로 분류되었던 우리나라의 연간 탄소 배출량은 이제 6억 1,600만 톤으로 세계 10위 수준입니다. 이 수치는 스웨덴, 노르웨이, 핀란드, 아이슬란드, 덴마크 등 북유럽 5개국과 영국 그리고 네덜란드의 탄소 배출량을 모두 합친 양과 비슷한 수준이지요. 더구나 1인당 탄소 배출량은 경제협력개발기구 38개국 중 5위에 해당하며, 대부분의 선진국보다 많은 수준이 된 지도 이미 10년이 넘었습니다.

2022년 이집트의 샤름 엘셰이크에서 열린 제27차 유엔 기후변화협약 당사국총회에서 공개된 우리의 기후변화 대응 성적표는 처참합니다. 2021년과 마찬가지로 60위를 기록했기 때문이지요. 이 성적표는 전 세계 온실가스 배출량의 90% 이상을 차지하는 59개국과 유럽연합 등의 온실가스 배출, 재생에너지, 에너지 사용, 기후정책을 평가하여 순위를 매깁니다.

1~3위는 항상 비어 있습니다. 최우수 국가는 아직 없다는 의미이죠. 63위가 꼴찌인데, 우리나라는 카자흐스탄, 사우디아라비아, 이란 바로 위에 위치할 정도로 부끄러운 성적을 기록한 것입니다.

2050년까지 탄소중립을 달성하겠다고 선언했지만, 우리나라의 연간 온실가스 배출량은 2019~2020년에만 감소했다가 다시 늘어나고 있습니다. 여전히 석탄과 가스에 60% 이상의 발전을 의존하고 있으며 화석 연료 퇴출 계획은 수립한 적도 없지요. 화석 연료 산업에 대

한 투자는 세계 3위 수준인 반면, 재생에너지 발전 비중은 경제협력
개발기구 최하위 수준을 기록하고 있습니다. 2021년에 목표치를 상
향하여 제출한 국가결정기여도 새로운 정책을 도입하지 않고는 달성
하기 어려워 보입니다.

기후변화의 티핑포인트, 즉 임계점을 넘지 않도록 대전환을 실행하
는 것은 이제 선택의 문제가 아닙니다. 적극적인 기후행동은 이제 필수
이며, 그 시점도 더는 미룰 수 없을 정도로 시급합니다. 2030년을 전후
로 지구의 평균 온도가 산업화 이전 대비 1.5℃ 오르는 것을 막기는
어려워 보이지만, 그 이후 2100년까지 1.5℃ 수준을 유지하기 위해
전 세계적 온실가스 감축 노력에 동참해야만 합니다. 우리나라가 스
스로 제출한 국가결정기여 상향안을 포기해서는 안 됩니다.

우리나라 정부는 너무 저렴한 산업용 전기 요금을 정상화하는 문제
부터 해결해야 합니다. 또 재생에너지 확대 목표를 상향하고 기업들
이 재생에너지를 사용하도록 지원해야겠지요. 내연기관 자동차 판매
금지 시점도 미리 설정하여 자동차 산업계가 예측 가능한 변화에 대
비하도록 지원해야 하고, 온실가스를 많이 배출하는 기업에는 연금과
기금 등의 투자를 막는 가이드라인을 제시하는 등의 정책적 해법을
찾아야 합니다.

관련 예산 투입도 절실하지요. 더 큰 비용이 발생하기 전에 가능한
빠르게 미리 대응하는 것이 가장 효율적인 비용으로 기후변화에 대응
하는 것임을 잊지 않아야 합니다. 대응이 늦어질수록 부담할 비용은
커지기 때문입니다. 더 이상 책임을 미루는 '기후바보'가 되어서는 곤
란합니다.

● 책임 있는 역할을 해야 할 때

우리나라는 경제적으로 '능력'도 되고, 탄소 배출 규모를 고려하면 기후변화에 대한 '책임'도 적지 않습니다. 그만큼 국제사회에서 책임감 있는 역할을 해야 할 위치에 있다는 뜻이지요. 앞서 소개한 것처럼 오늘날 지구촌 곳곳에서 극단적인 기상 이변으로 피해가 늘어나고 있고 그 손실과 피해에 대한 기금을 신설하기 위해 국제사회의 논의도 활발해지고 있습니다. 우리나라는 기후변화를 불러온 책임이 큰 만큼, 그 피해를 완화하려는 노력과 동시에 그 적응을 위한 국제사회의 노력에서도 책임 있는 역할을 해야만 합니다.

기후변화 대응에 있어서는 정부와 기업 차원의 노력이 절대적이지만 정부와 기업에게만 책임을 맡겨두어서는 곤란합니다. 정부와 기업을 움직이는 원동력은 결국은 개인이기 때문이지요. 유권자, 소비자, 투자자인 개개인이 기후변화를 인류세적 관점에서 이해할 필요가 있습니다. 더 많은 개인이 연대하여 우리 사회가 생태 감수성이 높은 미래 지향적 사회로 변모할 수 있도록 노력해야 합니다.

이미 우리는 코로나19 팬데믹을 거치며 더 중요한 가치를 지키기 위해서는 경제적 성장에 대한 욕심을 버려야 한다는 사실을 배웠습니다. 코로나19 팬데믹과는 비교할 수 없을 만큼 심각한 기후변화와 지구 생태계 전반의 위기 속에서, 물질적 성장보다 더욱 중요한 가치를 지키기 위한 노력이 절실하게 요구되는 시대를 우리는 살고 있습니다.

혼프

미디어 아트 예술가 그룹 혼프(HONF, The House of Natural Fiber)는 인도네시아의 욕야카르타를 기반으로 1999년에 결성됐습니다. 예술가, 디자이너, 연구자 등 다양한 영역의 멤버들이 예술, 과학, 기술, 사회 사이의 상호 작용을 탐구하기 위해 한데 모였지요. 혼프는 다양한 관점과 접근법을 탐구하며 실험적이고 혁신적인 작품을 만들어냅니다.

혼프는 디지털 미디어, 인터랙티브 설치, 사운드 아트, 비디오 아트, 사이버 공간 등 다양한 예술 형식을 사용하여 작업하는 것으로 유명합니다. 이들의 작품은 기술과 예술의 융합, 지구 환경 문제, 지속 가능성, 문화적 상호 작용, 사회적 변화 등의 주제를 다룹니다. 현대 사회의 첨예한 이슈에 대한 인식을 높이려는 의도이지요.

혼프는 인간과 자연, 그리고 기술의 관계와 지속 가능한 방식에 관심이 많습니다. 환경 문제에 대한 의식을 높이거나 혁신적인 접근법을 개발하려고 노력하지요. 2022년에 서울 아르코미술관에서 진행한 전시 〈땅속 그물 이야기〉도 그러한 시도 중 하나입니다.

혼프는 이 전시에서 「잉선」이라는 설치 작품을 선보였습니다. 혼프는 인터뷰를 통해 「잉선」은 인도네시아의 고대 철학에 바탕을 두고 있다고 밝혔습니다. 또한, 인간이 어떻게 완전한 하나의 전체로서 존재하고 다른 존재들과 조화를 이루며 살아갈 수 있는지 질문을 던지기 위한 작품이라고도 설명했지요.

「잉선」에서는 오묘한 소리가 흘러 나오는데, 이는 쌀 농사를 지을

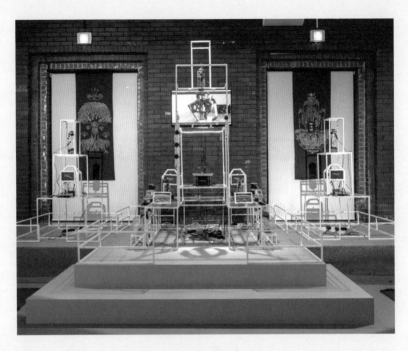

혼프가 선보인 설치 작품 「잉선」[7]

때 진흙 속에서 자라는 박테리아의 움직임에서 감지되는 주파수를 소리로 만든 것이지요.

혼프는 「잉선」을 제작하며 업사이클링 혹은 재활용 재료를 사용했습니다. 전시장에 설치한 작품을 철거할 때 최소한의 쓰레기가 나오기를 원했기 때문이지요.

작품의 구조물 중 가장 많은 양을 차지하는 자재가 철골이라서 이를 업사이클링 하기 위한 연구를 진행했습니다. 작품에 쓰인 자갈과 흙, 물 등은 자연으로 돌려보냈습니다. 그리고 유리 플라스크는 유리로 재활용하여 쓰레기 배출을 최소화했다고 합니다.

좋은 예술 작품은 사람의 마음을 움직여 새로운 문제의식을 일깨워준다고 하지요. 그런 면에서 혼프의 작품은 사람들에게 기후변화에 대한 인식을 심어주고, 보다 적극적인 기후행동을 이어갈 수 있도록 돕는다고 볼 수 있겠습니다.

기후변화, 어쩌면 새로운 도약의 계기

위기는 동시에 기회이기도 합니다. 전대미문의 지구 환경 문제를 맞닥뜨려 문명을 바꾸는 차원의 대전환을 이뤄내야 하는 오늘날에도, 전 세계가 어느 쪽으로 변화하는지 그 방향을 누구보다 빠르게 읽어 내고 앞장서 변화를 주도하는 사람들이 있기 마련이지요. 이들에게 탈탄소 문명으로의 대전환은 다양한 기회를 제공하는 새로운 도약의 계기가 될 것입니다.

그래서 우리 청소년들이 변화를 주도하는 리더로 성장하기를 바라는 마음으로 이 책을 썼습니다. 글을 마칠 때면 늘 아쉬움이 남지요. 하지만 글의 완벽함을 추구하기보다는 조금이라도 서둘러 청소년 독자들을 만나는 것이 중요하다고 생각해 출판을 결심하게 됐습니다.

기후변화를 넘어 기후비상에 처한 인류가 그에 어떻게 대응하고 있는지 청소년들에게 전달해야 한다고 생각했기 때문이지요.

인류세라고 불러야 할 정도로 심각한 환경 위기를 자초한 인류는 몹시 어려운 상황에 놓여 있습니다. 지구 환경 문제를 고민하기 위해선 지구가 작동하는 과학적 원리에서부터 출발해야 하지만, 과학적 사실 그 자체보다는 과학을 통해 전망되는 기후변화에 대응하기 위한 해법을 강조하고자 했습니다. 해법을 찾으려면 원인을 정확히 규명하고 현재를 제대로 진단해야 하는데, 여기에서도 다시 한 번 과학의 역할이 중요합니다.

하지만 무엇보다 지구 환경의 위기이자 동시에 인류 스스로의 위기를 지혜롭게 극복하기 위해서는 정부와 기업의 변화를 주도하고 이끌 수 있는 개개인의 인식 변화가 우선이라고 생각합니다.

특히 미래 세대의 주역인 청소년들에게 암울한 미래를 스스로 바꿔낼 수 있는 희망을 주문하고 싶었습니다. 청소년 독자들이 기후변화와 전 지구적 생태계 전반의 위기를 과학적 진단에서부터 실천적 해법에 이르기까지 단번에 파악하고, 자신만의 새로운 미래를 열어가며 그 꿈을 펼칠 수 있길 기원합니다.

2024년 8월 어느 날

남성현

미주

1 미국 해양기상청 클라이밋닷가브(Climate.gov)

2 미국 해양기상청 클라이밋닷가브(Climate.gov)

3 NOAA National Environmental Satellite, Data, and Information Service: Glacial-Interglacial Cycles

4 UCSD Scripps Institution of Oceanography, The Keeling Curve (https://keelingcurve.ucsd.edu/)

5 지구 생태 용량 초과의 날 홈페이지 (https://www.overshootday.org/)

6 리얼클라이밋(www.realclimate.org), 기후변화에 관한 정부간협의체 제6차 평가보고서(AR6)

7 홍철기 촬영, 아르코미술관 제공

청소년을 위한 기후변화 에세이

초판 1쇄 2024년 8월 19일

지은이 | 남성현
펴낸이 | 송영석

주간 | 이혜진
편집장 | 박신애 **기획편집** | 최예은 · 조아혜 · 정엄지
디자인 | 박윤정 · 유보람
마케팅 | 김유종 · 한승민
관리 | 송우석 · 전지연 · 채경민

펴낸곳 | (株)해냄출판사
등록번호 | 제10-229호
등록일자 | 1988년 5월 11일(설립일자 | 1983년 6월 24일)

04042 서울시 마포구 잔다리로 30 해냄빌딩 5 · 6층
대표전화 | 326-1600 **팩스** | 326-1624
홈페이지 | www.hainaim.com

ISBN 979-11-6714-087-6